BETTINA
WURCHE

JULES VERNE UND DIE ENTDECKUNG DER MEERES-FORSCHUNG

HIRNKOST

Originalausgabe

prverlag@hirnkost.de
http://www.hirnkost.de/

1. Auflage März 2025

Vertrieb für den Buchhandel:
Runge Verlagsauslieferung; *msr@rungeva.de*

Privatkund:innen und Mailorder:
https://shop.hirnkost.de/

Unsere Bücher kann man auch abonnieren!

Layout: benSwerk

ISBN:

PRINT: 978-3-98857-057-4
PDF: 978-3-98857-059-8
EPUB: 978-3-98857-058-1

Hirnkost versteht sich als engagierter Verlag für engagierte Literatur.
Mehr Infos: *https://www.hirnkost.de/der-engagierte-verlag/*

BETTINA
WURCHE

UND DIE ENTDECKUNG DER MEERESFORSCHUNG

Die Autorin

Die Biologin und Wissenschaftsjournalistin Bettina Wurche (*1966 in Hamburg) hat in Hamburg Zoologie, Fischereiwissenschaft und Geologie/Paläontologie studiert. Nach Stationen zu Wasser (Forschungsreisen und Öko-Tourismus zwischen Arktis und Antarktis), zu Lande (Museen und Geopark) und im Tagebau (Geo-Tourismus) arbeitet sie als Freelancer in der Wissenschaftskommunikation und im Science-Marketing. Ihr Textbüro *Meertext* ist auf Texte und Fachvorträge spezialisiert, die komplexe Themen verständlich und spannend kommunizieren.

Inhaltlich beschäftigt sie sich am liebsten mit Ozeanen der Vergangenheit, Gegenwart und Zukunft. Ihr Herz gehört den Walen, mit denen sie lange gearbeitet hat. Außerdem ist sie bekennender Science-Fiction-Fan – mit Betonung auf Science.

http://www.meertext.eu/

INHALTSVERZEICHNIS

VORWORT

Jules Verne, der französische Erfolgsautor des 19. Jahrhunderts, ist unvergessen und aktuell – immer noch wird er weltweit gelesen, regemäßig neu verfilmt, zitiert, kopiert, neu interpretiert und etikettiert.

Und er inspiriert – bis heute!

Meine früheste Erinnerung an Jules Verne ist die Verfilmung von *Die geheimnisvolle Insel*, die ich 1974/1975 als Serie im deutschen Fernsehen wie verzaubert verfolgte. Bildfragmente von Omar Sharif als Kapitän Nemo, der einsamen Insel und die geheimnisvolle Höhle mit der *Nautilus* stehen mir immer noch vor Augen. Diese aufregende Geschichte regte meine eigene Phantasie und meinen Forschergeist an: Zu gern wäre ich sofort zu dem geheimnisvollen Eiland aufgebrochen und hätte die Höhle, das Tauchboot und natürlich das Meer näher erforscht. Am Ende des Films waren für mich wie üblich noch viel zu viele Fragen offen, denen ich eigentlich gern nachgegangen wäre. Dann verschwand Verne aus meinem Leben, abgeheftet als Kindheitserinnerung. Aber die Abenteuerlust und Begeisterung für das Phantastische blieben, schließlich habe ich Meeresbiologie und Paläontologie studiert und bin immer Science-Fiction-Fan geblieben.

Erst als ich 2003 durch den hervorragenden Vortrag der Historikerin Ursula Harter im Hessischen Landesmuseum Darmstadt auf die Geschichte des Aquariums und der Evolution der bürgerlichen See- und Sehlust stieß, loderte mein Interesse an Vernes phantastischen Welten und vor allem an *20.000 Meilen unter den Meeren*

wieder auf. Schnell stieß ich auf Ursula Harters Artikel über die „Submarine Live-Show“ (2004) in der *FAZ* und auf Bernd Brunners herrliche Aquarien-Geschichte *Wie das Meer nach Hause kam* (s. Brunner 2003).

Auf einmal sah ich Verne im Kontext seiner Zeit, in der sich gerade die modernen Wissenschaften und Bildungssysteme entwickelten und ein ungeheurer technischer Schub stattfand, der auch die Entwicklung des Aquariums ermöglichte. Als Meeresbiologin habe ich in Institutionen wie der Biologischen Anstalt Helgoland (BAH), in Fischerei- und Zoologie-Arbeitsgruppen sowie in mehreren Museen gearbeitet. Die Entstehung der BAH und anderer meeresbiologischer Forschungseinrichtungen sowie vieler Museen ist eng verknüpft mit Vernes Zeit; die Meeresbiologie entwickelte sich damals zu einer modernen Naturwissenschaft. Die Naturphilosophie wurde abgelöst durch eine exakte, auf dem genormten metrischen System basierende quantifizierende Forschung. Gleichzeitig wurden die barocken Naturalienkabinette der Fürsten zu Keimzellen der modernen Naturkunde-Museen als Archive, Forschungsstätten und Schaufenster des Lebens.

Gerade durch meine Museumsausbildung habe ich mein Wissen über Biologie und Naturkunde sowie meine Faszination für die Meeresforschung interdisziplinär verwoben und in den größeren geschichtlichen und gesellschaftspolitischen Kontext einordnen können. So entstand mein Vortrag „Jules Verne und die Entdeckung der Meeresforschung“, basierend auf Vernes *20.000 Meilen unter den Meeren*. Heute oft als Jugendbuch schändlich gekürzt und sträflich unterschätzt, ist gerade Vernes große Geschichte des Meeres wesentlich gehaltvoller, wissenschaftsgeschichtlich bedeutender und aktueller, als vielen Lesenden heute bewusst ist.

In diesem Buch tauche ich tief in die Zeit Vernes und seines großen Meeresromans ein und ergründe, was das Phänomen „Jules Verne" ausmacht:

- War Verne ein genialer Visionär, der unzählige Erfindungen und Entdeckungen voraussagte, bevor die Wissenschaftler sie entdeckten und Ingenieure sie konstruierten?
- Oder war er zufällig auf diese Themen und Fakten gestoßen?
- Was genau macht *20.000 Meilen unter den Meeren* zu einem seiner erfolgreichsten Bücher?
- Welche Bedeutung hatte seine Arbeit für die sich in der zweiten Hälfte des 19. Jahrhunderts entwickelnde Meeresforschung?
- Hat er die Science Fiction und den Steampunk erfunden?

Verne schrieb seine Geschichte des Meeres in einer Zeit, in der die Menschen es gerade langsam mithilfe ihrer Technik und Wissenschaft neu entdeckten. Innerhalb weniger Jahrzehnte wandelte sich das Verhältnis der Menschen zum Meer von Furcht zu Begeisterung und Ausbeutung. Die Nutzung der Ozeane wurde zunehmend industrieller, Maschinen hielten auch in Fischerei und Walfang Einzug: Immer größere Dampfschiffe konnten längere Fangfahrten unternehmen und größere Fangvorrichtungen wie Netze und Harpunen betreiben. Bereits zu dieser Zeit warnten Naturphilosophen wie Jules Michelet (1798–1874) vor der exzessiven Ausplünderung der marinen Ressourcen. Schließlich hatte die Überfischung im Nordatlantik schon im 19. Jahrhundert den einstmals unermesslichen Kabeljaubestand vor Neufundland und die Glattwalbestände zusammenbrechen lassen.

Heute leben wir in einer Zeit, in der auch die Ozeane unseres blauen Planeten unter den vielen von Menschen verursachten Problemen leiden: Klimakrise, Artensterben, Lebensraumzerstörung,

Plastikproblem, Umweltverschmutzung, Überfischung und noch vieles mehr. Das Meer und seine lebenden und nicht lebenden Ressourcen sind eben doch nicht unendlich. Beschäftigen wir uns heute mit dem Meer, schwingen oft ein schlechtes Gewissen und ein Stückchen Scham dabei mit.

Ich bin Meeresbiologin. Ohne das Meer kann und will ich nicht leben. Ich wünsche mir, dass wir endlich diese Probleme angehen und gleichzeitig wieder unsere Begeisterung für das Meer stärker ausleben können, ohne schlechtes Gewissen, sondern mit dem Gefühl einer engen Verbundenheit und tiefem Respekt gegenüber den Geschöpfen dieses so andersartigen Lebensraums. Vielleicht kann ich mit diesem Buch ein wenig dazu beitragen, die Magie der Meere wieder zu genießen.

EINE KINDHEIT IN NANTES UND EIN STUDIUM IN PARIS

*„Ich reise niemals nach Paris,
lebe tief in meiner Provinz
und bin der unbekannteste
aller Menschen."*

Jules Verne 1895,
in: Dehs 2005, S. 7

Jules Verne und seine Geschichte(n) beginnen in einer See- und Handelsstadt in der Bretagne: Nantes.

56 Kilometer vom Atlantik entfernt, wo Erdre und Sèvre in das Loire-Ästuar münden, siedelten seit der Antike Menschen. Das Herz einer gallischen Siedlung lag auf einer kleinen Insel im Fluss, der späteren Île de Nantes. Im Römischen Reich erhielt die Siedlung den Namen Portus Namnetum und wurde aufgrund ihrer strategisch wichtigen Lage ein bedeutender Handelsplatz und unter der Herrschaft der bretonischen Herzöge die Hauptstadt der Bretagne.

Im 18. Jahrhundert war Nantes immer noch der zweitgrößte französische Hafen und ein wichtiger Umschlagplatz für Handelsgüter aus Übersee. Der Handel mit Zucker, Elfenbein, Reis, Kakao und Kaffee, also den klassischen „Kolonialwaren", hatte die Bürger reich gemacht. Dazu kam noch der Handel mit „Ebenholz", so der euphemistische Begriff für Sklaven. Nach dem Verbot des Sklavenhandels 1815 und dem Aufkommen immer größerer Schiffe nahm die Bedeutung von Nantes als Hafenstadt ab (s. Dehs 2005, S. 13). Im 19. Jahrhundert war sie ein Zentrum des französischen Schiffsbaus und immer noch die Hauptstadt sowie das kulturelle Zentrum der Bretagne; im 20. und 21. Jahrhundert erfuhr die Stadt starke Transformationen. Nachdem in den 1980er-Jahren die letzte Werft auf dem historischen Stadtkern Île de Nantes geschlossen wurde, musste sich die Stadt erneut neu erfinden, diesmal mit der Ansiedlung von Technologiekonzernen sowie dem Ausbau von Kultur, Bildung und Tourismus – darunter der Jules-Verne-Themenpark *Machines de l`Île.*

Vernes Eltern hatten 1827 geheiratet, ein Jahr später kam Jules zur Welt, 16 Monate später der zweite Sohn Paul. Nicht nur altersmäßig standen sich die beiden Jungen besonders nahe, sie teilten auch ähnliche Interessen und blieben noch als Erwachsene eng verbunden.

Mit den viel später geborenen drei Schwestern Anna, Mathilde und Marie verband die Jungen hingegen nur wenig.

Vernes Geburtshaus stand auf einer Loire-Insel, die über Brücken mit anderen Stadtteilen verbunden war; das Glitzern des Wassers und sein Strömen zum Atlantik ist ihm also genauso vertraut gewesen wie der Anblick von Schiffen.

Als am 8. Februar 1828 Jules Gabriel Verne als ältester Sohn seiner Eltern Pierre und Sophie geboren wurde, hatte Nantes seine besten Jahre zwar hinter sich, war aber immer noch eine belebte See- und Handelsstadt.

„Sohn eines Halb-Parisers und einer rein bretonischen Mutter, habe ich in einer durch die Seefahrt belebten großen kommerziellen Stadt gelebt, die Ausgangspunkt zahlreicher langer Reisen ist. Ich sehe wieder die Loire, deren zahlreiche Nebenflüsse durch die Brücken verbunden sind. [...] Die Schiffe liegen am Kai in zwei oder drei Reihen. Andere fahren den Fluss hinauf oder hinab“, so beschreibt Jules Verne seine Geburtsstadt Nantes in seinen Jugenderinnerungen (s. Fehrmann 2005).

Der Hafen mit Schiffen aus aller Welt, ihren exotischen Ladungen und Besatzungen hatte eine geradezu magische Anziehungskraft: Seeleute, die mit ihrer Kleidung, den goldenen Ringen im Ohr, bezopft und tätowiert so ganz anders aussahen als die ehrbaren Bürger der Stadt. Menschen aller Hautfarben, bunte Flaggen anderer Staaten und Schiffe, die Eingangstore zu fremden Welten waren. Der besondere Geruch des Hafens aus Teer und Salz, der Duft von exotischen Gewürzen, Kaffee und Kakao. Der Anblick wettergegerbter Matrosen und Schiffe, deren Narben von Stürmen und schwerer See erzählten. Diese Melange aus Sinneseindrücken für Augen, Ohren und Nase dürfte in vielen jungen Menschen die Lust auf Abenteuerreisen in ferne Gefilde geweckt haben. Auch in Jules Verne und seinem Bruder Paul.

Als Söhne eines erfolgreichen Anwalts – Vater Pierre war Jurist in dritter Generation – genossen die beiden Jungen das Privileg einer guten Schulbildung: Mit sechs Jahren lernte Jules in der Privatschule von Madame Sambin lesen und schreiben. Die Geschichte von Madame Sambins Ehemann, einem verschollenen Marineoffizier, hat Verne sicherlich beschäftigt, schließlich kommt das Motiv in einem seiner späteren Bücher – *Mistress Branican* (1891) – vor (s. Dehs 2005, S. 25–26). Bald las der Junge die See-Romane von James Fenimore Cooper, die ihn fesselten und in die Welt der Seefahrt einführten (s. Junkerjürgen 2018, S. 11 ff.).

Cooper konnte so fesselnd über das Leben auf einem Schiff schreiben, weil er selbst zur See gefahren war: Nach seiner ersten Reise auf einem Handelsschiff trat er als Seekadett (Offiziersanwärter) in die US Navy ein und lernte so die Seemannschaft auf einem Kriegsschiff unter Segeln. Diese persönlichen Erlebnisse des harten Lebens auf See machten seine Romane authentisch. Eindrücklich konnte er den harten Alltag auf einem hölzernen Kriegsschiff schildern, von der schlechten Verpflegung über die schwere und gefährliche Arbeit bis zur Sturmfahrt (s. House/Philbrick o. D.). Zum Schreiben hatte Cooper sich nach der Lektüre von Sir Walter Scotts Seefahrtsgeschichten entschieden. Der berühmte englische Autor von Abenteuergeschichten hatte offensichtlich keine Ahnung von Seefahrt, und er, Cooper, wollte das Leben und Arbeiten auf einem Schiff wesentlich realistischer und fesselnder erzählen. Offenbar mit Erfolg (s. House/Philbrick o. D.).

Obwohl James Fenimore Cooper mit seinen Seefahrtsromanen *The Pilot* (1824) und *The Red Rover* (1828) ein neues Literaturgenre erfunden hatte, ist er zumindest in Europa heute fast nur durch seine *Lederstrumpf*-Reihe bekannt (s. Library of America o. D.).

Zu Vernes Zeit konnten etwa zwei Drittel der französischen Jungen lesen, allerdings gingen nach den acht Jahren der Primarschule nur etwa 100.000 eines ganzen Jahrgangs auf eine weiterführende Schule (s. Dehs 2005, S. 28). Paul und Jules gehörten zu diesen Privilegierten und erhielten damit Unterricht in Französisch, Latein, Griechisch, Rechnen, Geschichte, Geographie und Religion. Naturwissenschaftliche Fächer gab es zu dieser Zeit noch nicht.

Der Vater Pierre war streng katholisch. Neben der religiösen Moral gehörten zum Alltag der Familie Literatur, Kunst und Musik; das prägte auch den jungen Jules. Für die übliche humanistische Bildung dieser Zeit hatte der Vater die damals beliebten Familienzeitschriften abonniert, die der Bildung und dem Zeitvertreib gleichermaßen dienten. Die meist wöchentlich erscheinenden Zeitschriften steckten voller fiktiver und Sach-Geschichten, waren illustriert und gaben einen familiengerechten Blick in die Welt außerhalb des Wohnzimmers.

Jules begann schon als Schüler mit ersten eigenen Schreibversuchen, mit zwölf Jahren schrieb er sein erstes Gedicht. Das Lob im Familienkreis bestärkte ihn, weiterzuschreiben – Gedichte, Prosa und Theaterstücke. Gleichzeitig begeisterte er sich für ein Teleskop und andere technische Gerätschaften im Arbeitszimmer seines Vaters und bestaunte in der Stadt die großen Lokomotiven, Dampfmaschinen und anderen Maschinen in den staatlichen Fabriken (s. Junkerjürgen 2018, S. 11 ff.).

Da Pierre Vernes Anwaltskanzlei erfolgreich war, konnte die Familie die Sommer in ihrem Ferienhaus in Chantenay verbringen, ebenfalls am Ufer der Loire, nur ein wenig stromabwärts. Damals war Chantenay noch ein Vorort von Nantes, heute ist es ein Teil der ins Umland gewachsenen Stadt. Diese Sommerferien am Wasser waren für die die beiden Jungen der ideale Platz für prägende Erlebnisse: Sie durften mit kleinen Booten ganz allein unterwegs sein und machten so erste eigene Erfahrungen in der „Seefahrt“ mit echten und eingebildeten Abenteuern. Vollkommen unabhängig und unbeaufsichtigt von Erwachsenen konnten sie sich ausprobieren und ihre Lieblingsabenteuer nachspielen – Daniel Defoes *Robinson Crusoe* kannte damals jeder Knabe. Mit der Strandung auf einer kleinen Loire-Insel erlebte Jules sogar seine ganz persönliche Robinsonade.

Aus ihrem Dachstübchen heraus machten sich Jules und Paul auch auf zu Phantasiereisen: „Mangels Gelegenheit, auf dem Meere zu fahren, segelten mein Bruder und ich eben mitten durch das Land, durch Felder und Wälder. Hatten wir keinen Mast zum Hochklettern, verbrachten wir die Tage in den Gipfeln der Bäume! Jeder versuchte, sein Nest am höchsten einzurichten. Wir unterhielten uns, lasen, schmiedeten Reiseprojekte, während die vom Wind bewegten Äste die Illusionen des Schlingerns und Stampfens entstehen ließen" (Fehrmann 2016).

Eine Anekdote erzählt, dass er mit elf Jahren ausgerissen sei und sich an Bord eines Schiffes mit Kurs auf Indien geschlichen haben soll. Angeblich wollte er seiner Cousine Caroline, in die er sich verliebt hatte, eine Korallenkette mitbringen. Allerdings suchte sein Vater rechtzeitig nach ihm, sodass die erhoffte Reise nach Indien ein frühes Ende noch in französischen Gewässern fand. Nach dem Verne-Biographen Dehs ist nicht geklärt, ob es sich um eine wahre oder eine erfundene Geschichte handelt, zu gut würde sie in die Legende Verne hineinpassen (s. Dehs 2005, S. 24).

Auch wenn der junge Jules Verne vom Schreiben als Broterwerb träumte, musste er auf Anweisung des Vaters etwas Nützliches lernen: Der Erstgeborene sollte später die väterliche Anwaltskanzlei übernehmen und dafür Rechtswissenschaften studieren. Das gefiel Jules gar nicht, der seinen jüngeren Bruder Paul darum beneidete, dass dieser als Steuermannsjunge eine Seereise nach La Reunion unternehmen durfte (s. Junkerjürgen 2018, S. 11 ff.). Paul brachte es bis zum Kapitän der Handelsschifffahrt, diente in der Zeit des Krimkriegs einige Jahre als See-Offizier und arbeitete dann letztendlich doch an Land als Börsenmakler (s. Dehs 2005, S. 33).

Der Erstgeborene Jules jedoch musste, statt exotische Abenteuer zu erleben, zu Hause in Nantes das Jurastudium absolvieren, nach Paris durfte er nur zu den Prüfungen fahren. Zu sehr fürchtete der Vater, sein in der Provinz aufgewachsener Sohn könne sich angesichts der Verlockungen der glitzernden Metropole nicht auf das Studium konzentrieren. Schließlich war Paris auch die Hauptstadt der Kultur und der Vergnügungen, voller junger Menschen und revolutionärer Gedanken. Für einen jungen Mann aus der bretonischen Provinz gab es zu viele aufregende Neuheiten zu entdecken und auszuprobieren.

Auch wenn der Student Verne sich für die Rechtswissenschaften nicht sehr interessierte: Das systematische Erarbeiten des Studienstoffes und die Aneignung neuen Wissens waren für den jungen Mann sicherlich elementare Kompetenzen für sein späteres literarisches Werk – genau dieses methodische und effektive Vorgehen hat sein umfangreiches Schaffen und die Durchdringung komplexer Inhalte ermöglicht. 1848 sollte er in Paris sein Studium abschließen und nach dem Willen des Vaters danach in der Kanzlei in Nantes als Anwalt arbeiten.

In Paris allerdings trat die Befürchtung des Vaters ein: Sein Sohn konnte dem glitzernden Leben nicht widerstehen, vor allem der Theateratmosphäre nicht. Das Theater war damals das wichtigste Massenmedium; die Hauptstadt Paris bot dafür gleich eine ganze Reihe von Bühnen. Schließlich standen die noch recht teuren Bücher nur den Menschen zur Verfügung, die lesen und sich die

Druckwerke auch leisten konnten. Das Theater hingegen bot billige Unterhaltung für jedermann und jederfrau und hatte eine viel größere Verbreitung; auch waren die Theaterautoren oft bekannter als Romanautoren. Das Credo des Theaters, „Sehen und gesehen werden", galt sowohl für das Publikum wie auch für die Dramaturgen. So wollte also auch Verne über das Theater seinen Bekanntheitsgrad vergrößern (s. Fehrmann 2006).

Im regen Kontakt mit anderen Schreibenden und Theatermachern verfasste er bald selbst Bühnenwerke und Romane. Zudem tat er sich unter anderen mit Alexandre Dumas dem Jüngeren zusammen, dem Sohn des bekannteren Schriftstellers Alexandre Dumas dem Älteren. Dumas der Jüngere betrieb nämlich ein Theater. So schrieb der begeisterte Verne eine ganze Reihe von Stücken, von denen nicht alle aufgeführt wurden und die heute überwiegend in Vergessenheit geraten sind. Auch der erhoffte finanzielle Erfolg blieb aus.

Neben Theaterstücken produzierte Verne in dieser Zeit schon erste Prosa – wie *Les Premiers Navires de la Marine mexicaine* (Die ersten Schiffe der mexikanischen Regierung), die er selbst als Abenteuererzählung im Stil Coopers bezeichnete. Oder, ebenfalls 1851, eine Ich-Erzählung über eine Ballonfahrt über Frankfurt (s. Junkerjürgen 2018, S. 32–33).

Wenngleich Verne das kulturelle Leben und die literarischen Kreise in der Hauptstadt als Inspiration annahm und wichtige Kontakte knüpfen konnte, erlebte er auch die Schattenseiten des urbanen Ballungsraums. Geldnot und Magenprobleme prägten sein Leben, beides sprach er in der Korrespondenz mit seinem Vater immer wieder an. Regelmäßig feilschte er um seinen vom Vater finanzierten Unterhalt, argumentierte, dass er für seinen empfindlichen Magen besseres Essen und somit mehr Kostgeld bräuchte (s. Dehs 2005,

S. 56). Noch mehr Gebrechen und sogar Bulimie kamen hinzu, die heute zumindest teilweise als psychosomatische Beschwerden gewertet werden – dazu passt, dass Verne sich auch später als Familienvater gern zum ungestörten Schreiben in sein schwimmendes Arbeitszimmer flüchtete.

Die schlechten Hygienezustände in der von Menschen überquellenden Metropole dürften zu seinem Unwohlsein erheblich und sicherlich auch berechtigt beigetragen haben. Choleraepidemien gehörten damals zum städtischen Leben; die des Jahres 1849 forderte allein in Paris 19.000 Opfer. Ansteckungswege und die Bedeutung von Hygienemaßnahmen waren noch nicht bekannt, sie hätten sich in dem schnell wachsenden Moloch Paris auch gar nicht durchsetzen lassen können, zu groß war der Anteil der in prekären Verhältnissen lebenden Einwohner. Da die Cholera ihre Opfer oft innerhalb eines Tages mit hohem Fieber, blutigem Durchfall und qualvollem Erbrechen dahinraffte, traute Verne sich nicht, das verseuchte Seine-Wasser zu trinken. Als sicher galten alkoholische Getränke wie Champagner oder Bier, was für den finanziell schlecht gestellten Jura-Studiosus ein großes Problem war (s. Dehs 2005, S. 89).

Der junge Mann aus der Provinz erlebte in der französischen Hauptstadt politisch bewegte Zeiten, wie die Februarrevolution 1848. Bürgertum und Arbeiterschaft hatten in einer Allianz nach zwei Tagen des Straßenkampfes den ungeliebten König Louis Philippe in die Flucht geschlagen und der Ministerpräsident Guizot musste zurücktreten. Zum zweiten Mal war in Frankreich die Republik ausgerufen worden. Nicht für lange: 1848 wurde Charles-Louis-Napoléon Bonaparte französischer Staatspräsident, aber schon 1852 errichtete er eine Diktatur und herrschte bis 1870 als Napoleon III., Kaiser der Franzosen.

Durch das schnelle Anwachsen des wuchernden urbanen Molochs kamen die Regierenden in Zugzwang, die Stadt für die Moderne überlebensfähig umzubauen. Eine radikale Neugestaltung der Hauptstadt für die Moderne war unumgänglich, vom Abwassersystem bis zur Infrastruktur. Napoleon III. ließ sein neues Paris von dem berühmten Stadtplaner Haussmann konzipieren. Mittels moderner Technik erfolgte dann die Umgestaltung, dabei ermöglichte das neue elektrische Licht den Tag- und Nacht-Betrieb der großflächigen Baustellen (s. Dehs 2005, S. 91).

Der Nachfolger Napoleon V. sah die Modernisierung der Hauptstadt als Chance, sich mit prächtigeren öffentlichen Gebäuden zu präsentieren und gleichzeitig die verwinkelten, aus dem Mittelalter stammenden Straßenzüge der Innenstadt abreißen zu lassen – zu leicht ließen sich in deren engen Gassen Straßenbarrikaden errichten. Damals entstand das moderne Paris mit seinen breiten Boulevards, den prächtigen Brücken und den gepflegten Parks in der Innenstadt, wie wir es heute kennen.

Verne war von diesem radikalen Umbruch tief beeindruckt. Die Vorteile des neuen elektrischen Lichts waren gerade für ihn als Schreibenden und Lesenden offensichtlich. Auch die Vorteile der elektrischen Straßenbeleuchtung, die die größeren Städte prachtvoll illuminierte, gefielen ihm. So übernahm er diese Idee der elektrisch ausgeleuchteten Straßen für seine ideale Stadt in dem späteren Roman *Propellerinsel* (1865): Auf der stählernen Insel lieferten die beiden Kraftwerke die Energie sowohl für den Antrieb als auch für die Beleuchtung. Nachts erhellten neben den prachtvollen Straßenlaternen auch zwei künstliche Monde das schwimmenden Milliardärsdomizil (s. Fehrmann 2002).

Wenn er auch viel schrieb und damit ab 1850 zunehmend beim Publikum Erfolg hatte, war Vernes finanzielle Situation immer noch miserabel. Diese prekäre Lage verschärfte sich, als er sich allmählich nach einer passenden Ehefrau umsah. Zunächst über mehrere Jahre vergeblich; seine Schüchternheit, die schlechte Gesundheit und seine wenig attraktive finanzielle Situation machten die Brautschau so schwierig, dass er schließlich seine Mutter um Hilfe bat. Mit einer wohlhabenden Gattin wollte der junge Schriftsteller seine Finanzen sanieren. Vergeblich. 1857 heiratete Jules Verne in Paris die junge Witwe Honorine, die zwei Töchter mit in die Ehe brachte und trotz ihrer guten Mitgift seine finanziellen Probleme nicht löste (s. Junkerjürgen 2018, S. 34). Spätestens mit der Geburt des Sohnes Michel 1861 brauchte der Familienvater dringender denn je ein gesichertes und ausreichendes Einkommen. In dieser Situation wurde Verne 1861 auf der Suche nach einem Verleger Jules Hetzel vorgestellt – die Begegnung sollte das Leben beider verändern.

MEER UND MENSCH – VON DER FURCHT ZUM VERGNÜGEN

„Ein biederer holländischer Seemann,
ein untrüglicher und kühler Beobachter, […]
gesteht offen, dass der erste Eindruck,
den man vom Meer empfängt, Furcht ist. […]
Verwundern wir uns nicht, wenn die gewaltige
Wassermasse […], fremd und düster in
ihrer nicht zu erschließenden Tiefe,
der menschlichen Einbildungskraft
immer beängstigend erschien."

Michelet: Das Meer (2006, S. 16–17)

Der Meeresboden liegt unter großen Mengen Wassers, das macht ihn unnahbar und geheimnisvoll gleichermaßen. Lange Zeit konnten nur wenige Menschen nur an den Meeresküsten oder an seiner Oberfläche einen kleinen Einblick in diese andere Welt nehmen. Die Nähe zum Meer war oft feucht, kalt und gefährlich, jederzeit konnte die nächste Flut oder Sturmflut kommen. Nur arme Leute wohnten dort und setzten sich diesen Unbilden freiwillig aus. Fischer, die mit kleinen Booten dem feindlichen Element ihren kleinen Fang auch bei Kälte und Sturm entrissen, und arme Landarbeiter, die den kargen Küstenstrichen mit ihrem schlechten Boden schlechte Ernten abtrotzen mussten. Die eisigen Winde und die salzige Feuchtigkeit des Meeres drangen durch die schäbigen Mauern und undichten Fenster dieser Küstenkaten und machten deren Bewohner krank. Wer sich auf das Meer begab, auf den Planken zerbrechlicher, Wind und Wogen ausgesetzter Segelschiffe, wusste nie, ob er das Ziel seiner Reise erreichen würde. Strömungen und Stürme, vielleicht sogar Piraten und möglicherweise Meeresungeheuer boten vielfältige Gefahren. Gerade die Meere Nord- und Westeuropas waren nicht gerade lieblich, kaum jemand machte in diesen Gebieten eine Vergnügungsfahrt. Fischer, Walfänger und andere Seeleute hatten ein gefährliches Leben, oft kamen sie früh um und hinterließen fast mittellose Witwen und Waisenkinder.

So war das Meer bis 1800 für die Menschen überwiegend beängstigend. Erst später entwickelten Gruppen wie etwa die Quäker-Walfänger der US-amerikanischen Ostküste erste Kooperativen und Pensionskassen für eine Versorgung der Hinterbliebenen, wie Herman Melville 1851 in seinem berühmten *Moby Dick* schilderte (s. Melville 1955, S. 103). Aber die meisten Seeleute und ihre Familien blieben weniger privilegiert. Erst mit dem Einsetzen der Dampf- und Motorschifffahrt wurden Seereisen weniger gefährlich, vorhersagbarer und lohnenswerter.

Jules Michelet: La Mer

Der französische Historiker Jules Michelet hatte 1861 mit seiner naturhistorischen und naturphilosophischen Abhandlung *Das Meer* (*La mer*) (s. Michelet 2006) das damalige Standardwerk vorgelegt.

Voller ursprünglicher Gewalt lässt Michelet die Wellen unbezwingbar und unaufhaltbar an den Strand rauschen und an die Kaimauern schlagen. Kein Mensch kann im Wasser atmen, die trügerisch glitzernde Meeresoberfläche ist eine Trennmauer zwischen zwei Welten. Unendlich tief und ausgedehnt erscheint das Meer und überwältigt mit dieser scheinbaren Unendlichkeit die Menschen, die staunend an seinen Ufern stehen. Mit seiner Kraft, seiner Tiefe, seiner Ausdehnung und Fremdartigkeit übersteigt das Meer das Begriffsvermögen der Menschen. Mit solch pompösen Schilderungen führt Jules Michelet die Leser in seine Meereswelten ein (s. Michelet 2006, S. 16 ff.).

Das Meer (*La mer*) changiert zwischen Naturkunde und Philosophie, beschreibt Fakten in poetischer bis pathetischer Sprache und bewertet sie vor allem aus anthropozentrischer Sicht: „Quallen und Weichtiere waren im allgemeinen arglose Kreaturen“ – friedliche Kreaturen, kaum Fleischfresser, so beschreibt der Historiker Medusen. Was für ein profundes Fehlurteil, schließlich sind diese durchsichtigen, gallertigen Tiere mit ihren Nesselkapseln gewandte Meeresjäger, die sogar Menschen töten können. Fakten und Sprache, Perspektive und Selbstverständnis entsprechen dem Stand der Zeit bis zur Mitte des 19. Jahrhunderts; die moderne Erforschung vieler Meeresbewohner begann gerade erst. Begeistert schreibt Michelet vom Liebesleben der Tange (s. Michelet 2006, S. 118) oder schwärmt ausschweifend von der Vielfalt, Schönheit und Fragilität fossiler und rezenter Korallen sowie ihrer architektonisch so beeindruckenden Riffe. Fiktive Dialoge wechseln ab mit wissenschaftlichen Beschreibungen; Sachkunde, Begeisterung und Poesie verwebt er eng in

Formulierungen wie: „Unser Naturgeschichtsmuseum ist ein Feenpalast“ (Michelet 2006, S. 119).

Trotz seines Pathos und seiner anthropozentrischen Perspektive war Michelet auch ein erster Mahner und warnte vor den Auswirkungen der Industrialisierung auf die Meere, etwa im Walfang und der Kabeljau-Fischerei. Er mahnte, die Schätze des Meeres zu erhalten und keinen Raubbau zu betreiben. Damit war er seiner Zeit weit voraus, denn zum damaligen Zeitpunkt konnte sich noch kaum jemand vorstellen, dass auch die Ressourcen des Meeres endlich sein könnten. Leider hat er die Folgen der Industrialisierung des Meeres ganz richtig eingeschätzt (s. Michelet 2006, S. 231).

Das Liebesleben der Tange und andere schlüpfrige Intimitäten aus den Ozeanen hatten in der damaligen Prüderie übrigens für reichlich Aufregung gesorgt, gleichzeitig garantierten die skandalösen Schilderungen auch viel Aufmerksamkeit und waren sicherlich verkaufsfördernd.

Die Industrialisierung des Meeres

Im 19. Jahrhundert standen mit der aufkommenden Industrialisierung neue Methoden und Techniken zur Bezwingung der Ozeane zur Verfügung. Die Industrialisierung hielt auch in der Seefahrt und Fischerei Einzug, mit Maschinenleistung wuchsen die Fangmengen enorm an. Dampfantriebe machten die Schifffahrt wesentlich sicherer; Seeleute waren nicht mehr den launischen Winden oder Flauten ausgesetzt, sondern erreichten ihr Ziel schnell, beständig und sicher in einer berechenbaren Zeit. Erschwingliche Navigationsinstrumente erleichterten und präzisierten die Navigation selbst in den abgelegenen Gewässern des Nordpazifiks oder des gigantischen Südozeans. Nach einem ersten Meeres-Goldrausch nahmen die Bestände einiger Arten schnell und sichtbar ab, etwa die Walbestände und der nordatlantische Kabeljau.

Die gleichen technischen Entwicklungen ermöglichten im 19. Jahrhundert auch schnelle Fortschritte bei der systematischen Erforschung der Meere: Zuverlässige Uhren, hochwertiges Instrumentenglas und schnelle Fortschritte in der Metallverarbeitung machten Instrumente besser und für immer mehr Menschen bezahlbar. Bis dahin hatten vor allem Marineschiffe zuverlässige und kontinuierliche Messreihen durchgeführt, vor allem die englische Royal Navy arbeitete mit Naturwissenschaftlern wie Alexander von Humboldt zusammen. Für die englische Krone und ihr Kolonialreich waren diese Daten die Basis für exakte Karten, die ihre Herrschaft zur See sicherten. Die neu entwickelten Messinstrumente ermöglichten nun die konsequente und akkurate Vermessung der Ozeane und ihrer Strömungen, deren Temperaturen und Fließgeschwindigkeiten auch durch zivile Forscher; dies war der Beginn der modernen Ozeanographie. War Meeresforschung bisher eine hoheitliche Aufgabe der Marine oder das Freizeitvergnügen finanziell unabhängiger Menschen, entwickelte sich nun eine Professionalisierung der Ozeanographie als eigene Wissenschaft. So konnten auch Zivilisten ohne eigenes Vermögen forschen, wenn sie fachlich geeignet waren.

Gleichzeitig war es mit der neu entwickelten Eisenbahn immer einfacher, auch vom Hinterland aus die Küsten zu erreichen. So kamen immer mehr Bürger an die Strände, um sich dort für eine kurze Zeit am Meer zu vergnügen. Durch die schnellere und günstigere Anreise konnten sie einen vergnüglichen Wochenendausflug oder eine kurze Urlaubsreise planen, um die Schätze des Meeres zu entdecken. Zu den bevorzugten Meeresfunden gehörten Muscheln und Schnecken, die sogenannten Conchylien, und an einigen Stellen auch versteinerte „Kuriositäten", also Fossilien.

Als dann noch ärztliche Empfehlungen zur heilsamen Wirkung des Meerwassers aufkamen, führte dies zur Gründung der ersten Badeorte, zunächst in England, etwas später in Deutschland und in Frankreich. Am Meer konnte man und frau flanieren und dabei gesunde Luft atmen. Bei gutem Wetter verlockte das blaue Glitzern der Wellen Müßiggänger zum Betrachten, Hineinwaten oder gar zum Schwimmen, meist von einem Badekarren aus und im hochgeschlossenen Schwimmgewand. Etwas betuchtere Meeresbesucher mieteten sich für die Ferien in einer Pension oder gar einem Hotel ein und konnten sich dann auch noch an den Sonnenauf- und -untergängen sowie kulturellen Angeboten erfreuen. So wurde das Meer vom feuchtkalten Ort des Schreckens zu einem verlockenden Ort für Entdeckungen, Erholung und Müßiggang (s. Brunner 2003, S. 12).

Aus der barocken Wunderkammer an den Strand und ins bürgerliche Wohnzimmer

Seit der Renaissance hatten außergewöhnliche Objekte aus der Natur ihren Platz in Wunderkammern und Raritätenkabinetten gefunden. Dabei wurde meist fern jeglicher biologischer, geologischer oder sonstiger Systematik alles gesammelt und arrangiert, was einem Mitteleuropäer außergewöhnlich erschien: Versteinerungen, Mineralien, Pflanzen, Eier, Mumien von Menschen und Tieren, marine Objekte wie Muscheln, Schnecken und Korallen genauso wie ethnologische oder Kunstobjekte. Zunächst nur unter Fürsten verbreitet, wurde diese Sammelleidenschaft im 18. und frühen 19. Jahrhundert bei wohlhabenden und gebildeten Bürgern ein weit verbreitetes Hobby, dabei wechselten sich Moden ab: Conchylien, Ägyptologie, exotische Vögel oder andere Themen (s. Brunner 2003, S. 21).

Das Wort Conchylien ist abgeleitet vom englischen Begriff *conch*, der von der großen Meeresschnecke der Gattung *Strombus* (Flügelschnecke) auf andere Muscheln und Schnecken ausgedehnt wurde. Die großen Schnecken mit der geschwungenen Schale und dornartigen Spitzen sind oft als Signalhörner („Muschelhorn“) genutzt worden und waren deshalb weit über ihr Verbreitungsgebiet bekannte und begehrte Sammelobjekte.

Wer keine Beziehungen nach Übersee hatte und sich solch ein teures Weichtier nicht kaufen konnte, wurde auch am nächsten Strand fündig – schließlich spülen die Wellen Muscheln und Schnecken in großen Mengen und Arten an die Strände und setzen sie am äußersten Bereich der auslaufenden Wellen ab, dem sogenannten Spülsaum. Bald zersetzen sich die weichen Teile der Tiere und das Meer wäscht ihre bunten Schalen sauber. Dann liegen sie, perlmuttrig schillernd, farbenprächtig, rundlich oder gewunden, ein- oder zweiklappig im Sand und scheinen auf einen begeisterten Sammler nur zu warten. Ihre kalkigen Schalen sind oft stabil wie Porzellan und dabei klein und handlich; so wurde das Sammeln und Sortieren von Conchylien schnell zum Volksvergnügen. Heimische Exemplare gab es in großer Arten- und Formenvielfalt zum Selbstsammeln oder für wenig Geld zu kaufen. Wer es sich leisten konnte, erstand exotischere Exemplare bei Seeleuten oder Händlern. So gelangten Meeresmuscheln und -schnecken bis tief ins Hinterland. Hübsch arrangiert wurden sie zu Kunstobjekten, reduziert auf ihre Ästhetik und ohne ihren ökologischen und systematischen Zusammenhang. Vor allem unter Frauen wurde diese Sammelleidenschaft ein häufiges Hobby.

Schnecken- und Muschelschalen, poliert oder naturbelassen, und anderes Meeresgetier wurden in Schränken, Kisten und Boxen arrangiert, untergebracht, geordnet und immer wieder betrachtet. Die gepanzerten und getrockneten Schönheiten verschafften den Besitzern viele Jahre Befriedigung beim Betrachten, allein oder gemeinsam mit Gleichgesinnten. Außerdem konnten sie auch getauscht oder verkauft werden, was in den Seebädern zu einem Zusatzverdienst von ortsansässigen Kindern und Frauen wurde.

Das Gleiche galt für Fossilien, die als „Kuriositäten“ etwa an der englischen Südküste maßgeblich zum Aufstieg der Paläontologie beitrugen. Neben „Schlangensteinen“, die wir heute als Ammoniten kennen, wurden dort auch die ersten Fischechsen (Ichthyosaurier) des Erdmittelalters entdeckt, die zunächst als Krokodile eingestuft wurden.

Aquarien – das Meer im Wohnzimmer zum Forschen und Staunen

Die wimmelnden Wunder des Meeres zogen schnell immer mehr Menschen an. An den französischen und englischen Felsküsten sowie auf der Nordseeinsel Helgoland gibt es Gezeitentümpel: Kleine Vertiefungen am Felsstrand, in denen das Meer bei Ebbe Tiere und Pflanzen zurücklässt. Dort können staunende Strandbesucher trockenen Fußes lebende Schnecken und Muscheln, Seeanemonen und Krebse, Seeigel, Seesterne und sogar kleine Fische beobachten, umwallt von Algenfäden und -schleiern, wie in einem natürlichen Aquarium. Aber auch in den zu der Zeit noch wenig verschmutzten Hafenbecken oder an Sandstränden ließ sich die phantastische Meeresfauna und -flora entdecken.

Vom Wasser bewegte Tangbüschel geben einen kleinen Einblick in die echten Meereswälder; manche Tange sind hellgrün und durchscheinend dünn, andere dunkler und kräftig wie Knorpel. Winzige Kalkalgen überziehen als rosarote Krusten das Gestein, die Kalk-Skelette verstorbener Algen schimmern wie poliertes Elfenbein. Vermeintliche Pflanzen wie die Seeanemonen haben „Blüten“ aus Tentakeln, mit denen sie ihre Beute lähmen und greifen. Bei Störungen ziehen sie ihre fragilen Tentakel ein und sehen aus wie eine umgekrempelte Socke. Erst nach einiger Zeit entfalten sich aus den kissenarten Strukturen wieder vorsichtig die Tentakel und die vermeintliche Blume „erblüht“ von Neuem. Oder der Aufmarsch lebender Krabben, die auf klackenden gepanzerten Beinen über den Sandstrand laufen, während die gestielten Augen nach Nahrung suchen oder sich sogar auf den Beobachter richten.

Bedächtig weidende Seesterne und Seeigel können dort gesammelt werden. Da sie dabei bald ihre bunten Farben verlieren und stattdessen einen äußerst unangenehmen Geruch entwickeln, landen sie allerdings meist schnell im Abfall. Auch die Krebse, die wie mittelalterlich gepanzerte Ritter an den Küsten umherstaksen, beginnen getrocknet schnell zu stinken. Nur ihre leeren Häutungshemden, also die zu klein gewordene, abgestreifte leere Schale oder von Möwen leer gepickte Panzer lassen sich gut und geruchsarm trocknen. Auch die bizarr anmutenden Seesterne und Seepferdchen konnten bei unsachgemäßer Trocknung eine ganze Sammlung innerhalb kurzer Zeit müffeln lassen.

Die Beobachtung des Meereslebens am Spülsaum und im Gezeitentümpel bezauberte immer mehr Menschen. Damit entstand das Begehren, ein Stückchen Strand mit nach Hause zu nehmen, um jeden Tag im heimischen Wohnzimmer diese Wunder anzuschauen. Oder die Wunder vielleicht sogar in die Studierstube oder ins Forschungslabor mitzunehmen und sie dort zu erforschen. Jetzt schlug die Stunde der Aquarien.

Die Idee, ein winziges Gewässer mit Fischen und Pflanzen mit nach Hause zu nehmen, ist nicht neu. Aus China sind aus dem 10. Jahrhundert große Porzellangefäße bekannt, in denen Goldfische umherschwammen und das Heim wohlhabender Chinesen verschönerten. Goldfische wurden aus Karpfen gezüchtet und sollen ihrem Besitzer Reichtum bringen; die golden schimmernden kleinen Fische sind die wohl ältesten domestizierte Flossentiere. In der römischen Antike wurden in Becken an der Küste Fische gezüchtet: Wohlhabende Bürger hielten Meerbarben, um diese besonders leckeren Tiere mit ihrem hübschen roten Schuppenkleid stets frisch und in bester Qualität zur Verfügung zu haben. Zitterrochen wurden zur gesundheitlichen Anwendung gehalten, ihre elektrischen Schläge sollten helfen, Rheuma zu heilen (s. Harter 2014, S. 16). Mit der Entwicklung des stabilen Industrieglases im 19. Jahrhundert wurde die Herstellung durchsichtiger Fischgefäße möglich und für immer mehr Menschen erschwinglich.

Ab 1850 entwickelte sich das Analysieren und Untersuchen von Meerestieren und -pflanzen als eigenständige Wissenschaft. Mithilfe von Gläsern und metallenen oder hölzernen Guckapparaten konnten Amateure und Wissenschaftler von kleinen Booten aus einen Blick unter die Meeresoberfläche werfen. So wurden die Lebensräume und die Wesen der Küstenstriche etwas bekannter, die Tiere und Pflanzen der tieferen Gewässer und des offenen Meeres hingegen blieben noch eine ganze Weile rätselhaft

Mit gläsernen Gefäßen und lebenden Wesen hatten bis dahin vor allem Botaniker experimentiert. Der Arzt und Pflanzenkundler Nathaniel Ward konstruierte und erprobte als Pionier solche Terrarien oder Vivarien. Seine Erfahrungen veröffentlichte er 1842 in dem Buch *On the Growth of Plants in Closely Glazed Cases.* Diese geschlossenen Glasgefäße waren eigene Biosphären und sehr geeignet, etwa Pflanzen aus den Tropen auf ihrer langen Reise nach Europa am Leben zu erhalten. Im verschlossenen Pflanzgefäß hielt sich die hohe Luftfeuchtigkeit, die viele tropische und subtropische Pflanzen brauchen, ausgezeichnet; nach ihrem Erfinder hießen diese Vivarien „Wardian case" – Ward'scher Kasten. Mit solchen kleinen autarken Minigewächshäusern brachten Botaniker tropische Zier- und Nutzpflanzen nach England in den Londoner Botanischen Garten *Kew Gardens* oder schmuggelten darin wirtschaftlich wertvolle Nutzpflanzen wie Tee oder Gummibäume.

Bald wurden sie als Vivarien zur Heimat terrestrischer Tier- und Pflanzengemeinschaften, mit der wasserdichten Weiterentwicklung entstanden daraus schließlich Aquarien.

Die englische Geologin Anna Thynne war eine Aquarienpionierin, sie hatte zunächst fossile Korallen studiert und sich dann den lebenden „Blumentieren" zugewendet. Bei Spaziergängen an der Küste des südenglischen Torquay sammelte sie solche Seeanemonen und andere Küstenbewohner in Glasgefäßen. Das Wasser musste sie regelmäßig austauschen, was an der Küste recht einfach war. Als sie ihre Tiere aber mit nach London nahm, musste sie für die Belüftung des kostbaren Salzwassers sorgen. Darum beauftragte sie eine Dienerin, die Tanks mit Sauerstoff zu versorgen. So hielt sie unter anderem riffbildende Steinkorallen (Madreporen) und konnte erstmals deren sexuelle Vermehrung beobachten und beschreiben. Diese Zurschaustellung des Intimlebens fremdartig aussehender Meereswesen war im sittenstrengen England dieser Zeit eine ganz besondere Sensation, moralisch und wissenschaftlich gleichermaßen, und erregte große Aufmerksamkeit.

1847 wollte Thynne ein stabileres Zuhause für ihre Meereskreaturen bauen und experimentierte weiter mit der Aquarienhaltung. Schließlich entwickelte sie mit Braunalgen eine funktionierende Sauerstoffversorgung – wie alle Algen produzieren auch sie per Photosynthese aus Sonnenlicht das für Tiere so kostbare Atemgas. Zwei Jahre später zog ihre Sammlung von Meerestieren auf ihrem Londoner Grundstück schon viele Gelehrte und Schaulustige an. Die Aquarienpionierin teilte ihre Expertise bereitwillig und ermunterte andere Interessierte ebenfalls zu Versuchen. Publiziert hat sie ihre Entwicklungen aber nicht, das war ihr als Frau, trotz ihrer Bildung und ihres Intellekts, verwehrt (s. Adamowsky 2015).

Der eigentliche „Vater" oder die „Mutter" des Aquariums lassen sich heute nicht mehr ermitteln, sicherlich haben verschiedene Personen – darunter auch Anna Thynne – im gleichen Zeitraum daran gearbeitet und viele kleine Fortschritte beigetragen.

Botaniker hatten ihre Wasserpflanzen-Aufzuchtbecken als Aquarium bezeichnet, analog dem Vivarium für landlebende Pflanzen. Schnell griffen andere den neuen Begriff auch für die Haltung von Wassertieren auf und er etablierte sich bald (s. Harter 2014, S. 19).

Der Engländer Philip Henry Gosse war für die Vermarktung dieser neuen Erfindung des Mini-Meeres für den Haushalt maßgeblich verantwortlich: „Perhaps the most effective aid to the investigation of natural history which the present age has produced is the invention of the aquarium, and particularly its application to marine forms of life", schrieb er. Als Autodidakt hatte er sich in die Naturgeschichte eingearbeitet und beschrieb seine Beobachtungen in lebendigen Texten für ein breites Publikum. An den Küsten Devons wurde er schnell auch zum Experten für Meereswesen und erkannte die Bedeutung der Naturbeobachtung lebender Tiere in ihrem Milieu. Er musste also einen Weg finden, ein Stückchen Meer mit lebenden Tieren mit nach Hause zu nehmen. Nur so konnte er die aufregenden Metamorphosen und Verhaltensweisen der Meeresbewohner dokumentieren und darüber schreiben (s. Harter 2014, S. 20).

Wie Anna Thynne begann auch Gosse bei der Aquarien-Einrichtung mit Wasserpflanzen, die erst einmal das Wasser mit Sauerstoff anreichern sollten. So ging er, ausgestattet mit einem Sammelkorb und verschiedenen Behältern, an der Küste Devons bei Niedrigwasser auf die Jagd nach den empfindlichen Meereswesen. Die Algen sammelte er mitsamt dem Stein, auf dem sie wuchsen, ein, nur so konnten sie überleben. In den Sammelbehältern wurden sie dann sofort in Meerwasser verstaut und schnellstmöglich in das Aquarium umgesetzt. Gosses erste Aquarien bestanden aus hölzernen Rahmen, in die mit Kitt Scheiben eingesetzt wurden. Den Boden seiner Miniatur-Meereswelt bedeckte Gosse mit einer isolierenden Tonschicht, Kieselsteinen und Sand. Aus Gesteinsstückchen baute er dann Rückzugsmöglichkeiten für die scheueren Aquariumsbewohner. Erst wenn sich die kleine Landschaft aus Gestein und Sand gesetzt hatte, entließ er die gesammelten Tiere in den gläsernen Mini-Tümpel: „ein Seestichling, sieben graue Meeräschen, eine Schwarzgrundel, eine Goldmaid, eine fünfbärtige Seequappe“, schlangenartige Seenadeln, Muscheln und Schnecken, Seescheiden, Krebse und Garnelen, dazu auch Röhrenwürmer und verschiedene Seeanemonen und Weichkorallen – fast 100 Tiere in 20 Gallonen Wasser. Zunächst konnte er beobachten, wie sich einige der Aquarieninsassen gegenseitig fraßen. Nach zehn Tagen „kippte“ dann das ganze Ökosystem: Die Sauerstoffzufuhr reichte offensichtlich nicht aus, viele Tiere starben und das Aquarium mit seinem verwesenden Inhalt begann entsetzlich zu stinken (s. Brunner 2003, S. 46).

Aber Gosse experimentierte weiter und lernte stetig dazu; das Miteinander und Gegeneinander der Tiere faszinierte ihn. So beschrieb er, wie der Einsiedlerkrebs gern in verlassene Wellhornschnecken-Schalen einzieht und auf seinen mobilen spiralgedrehten Panzer eine Seeanemone „pflanzt“. Anschaulich schilderte Gosse die Lebensgemeinschaft aus dem gepanzerten agilen Krebs und der fleischig-weichen Anemone. Was die beiden ungleichen Tiere anzog und wie es zu dieser Gemeinschaft kam, war damals noch schwierig zu beschreiben, denn den Begriff der Symbiose gab es noch nicht. Neben den lebendigen Schilderungen dieser so fremdartigen Kreaturen kamen auch noch farbige Abbildungen, so nahm der Naturforscher Gosse seine Leserschaft mit auf phantastische Unterwasserexpeditionen. 1853 veröffentlichte er seinen ersten Naturführer für die Küste Devons: *A Naturalist`s Rambles on the Devonshire*

Coast. 1854 kam ein Aquarienleitfaden dazu: *The Aquarium: An Unveiling of the Wonders of the Deep Sea.* Seine Bücher begeisterten Erwachsene und Kinder gleichermaßen und wurden Bestseller (s. Brunner 2003, S. 39).

Als 1853 das *Fish House* im Londoner Regent's Park als erstes Schau-Aquarium der Welt eröffnet wurde, hatte Gosse sowohl mit seiner Sammlung von lebenden Meerestieren als auch als Mäzen dazu beigetragen.

Das Londoner *Fish House* hatte, wie auch der berühmte Kristallpalast für die Londoner Weltausstellung 1851, ein Eisenskelett. Im Innern waren die großen und kleinen Aquarien in Reihen gruppiert, jeder einzelne Tank war eingerichtet wie eine kleine Theaterbühne: Die den Besuchern zugewandte Seite der Tanks bestand aus Glas, die drei anderen Seiten waren Kulissen aus Unterwasserlandschaften, gebaut aus Schiefer und anderem Gestein, Korallen und Tangwäldchen (s. Harter 2014, S. 23). Mit dem vertikalen Schnitt durch den aquatischen Lebensraum griff das Aquarium die vertraute Optik einer Theaterbühne auf und lud die Betrachtenden zur vergnüglichen Vorstellung ein. Diese medientechnische Visualisierung des fremden Lebensraums und das Anheben der Unterwasser-Perspektive auf die menschliche Augenhöhe machte die Wasserwelt leicht zugänglich für das Publikum (s. Heidenreich 2019, S. 177). Mit ihrer Miniaturisierung und der Zähmung im Glas wurde die eigentlich grenzenlose Unterwasserwelt auch für Stadtbewohner begreifbar und erkundbar. So begeistert war das Publikum vom Meeres-Theater, dass schnell in immer mehr großen Städten zunächst in England, dann auch in anderen Ländern, weitere Schau-Aquarien entstanden. Sie waren neuartige Attraktionen in den englischen Großstädten und Seebädern wie Brighton und Southport, in europäischen Metropolen wie Frankfurt, Berlin, Wien und Amsterdam sowie auf der anderen Seite des Atlantiks in Boston und New York. Die öffentlichen Aquarien boten nicht nur Fische, Korallen und andere Meereswesen, sondern wurden schnell Teil der Eventkultur des viktorianischen Zeitalters.

Der kommerzielle Erfolg zur Befriedigung der Schaulust trieb die Aquarientechnologie voran, wovon auch die Wissenschaft profitierte. Auf einmal war das Meer im Zimmer oder Labor möglich, das Studium lebender Organismen führte zu einem enormen Wissensschub und neuen Perspektiven.

JULES VERNE UND
JULES HETZEL

Auf der Basis der Industrialisierung und ihrer Erfindungen veränderte sich das Leben im 19. Jahrhundert immer schneller. Der Einfluss der Kirche und damit auch das kirchliche Bildungsmonopol mit seiner Deutungshoheit und dem mythologischen Kanon schwanden nicht nur in Frankreich zunehmend, sondern auch in anderen Teilen Europas. Von der kirchlichen Mythologie zur Erklärung der festgefügten Welt und den Monarchen von Gottes Gnaden ging es in großen Schritten in Richtung einer demokratischen Bildungs- und Wissensgesellschaft. Menschen mit Bildung, Wissen und Besitz gingen Berufen nach und zahlten Steuern, sie bildeten eine selbstbewusste Bürgerschicht mit Zeit und Sinn für kulturelle Vergnügungen (s. Junkerjürgen 2018). Gleichzeitig kam mit der Industrialisierung eine selbstbewusstere Arbeiterschaft auf und die immer stärkere Konzentration von Arbeit, Wohnen und Leben in Städten. Die Demokratisierung beeinflusste alle Lebensbereiche von der Bildung bis zur Kleidung und Freizeitgestaltung.

In genau dieser Zeit wuchs Jules Verne auf: „Ich habe erlebt, wie die Phosphor-Zündhölzer aufkamen, der Anknöpfkragen, die Manschette, die kurzen Hosen, der Herrenmantel, der Zylinder, der Halbstiefel, das metrische System, die Dampfschiffe der Loire [...] die Omnibusse, die Eisenbahn, die Straßenbahn, das Gas, die Elektrizität, der Telegraf, das Telefon, der Phonograf", beschreibt Verne die rasanten Veränderungen seines Alltags. „Kleidung, Kultur, Maßeinheiten, Mobilität, Kommunikation [...] Zusammengehalten [...] durch das metrische System, das sich unsichtbar über alles legt und alles einheitlich beschreibbar macht" (Junkerjürgen 2018, S. 7).

Das Leben wurde bequemer, globaler, kommunikativer und immer schneller, regiert von immer präziseren Zahlenregimes. Zeit und Entfernung, Größe und Gewicht sowie noch viele weitere präzise Angaben verbanden länderübergreifend Bürger, die sich Uhr,

Eisenbahn, Bildung, Kommunikation und Vergnügungen leisten konnten. Die exakte Vermessung der Welt im Großen und im Kleinen brachte der Wissenschaft eine nie zuvor gekannte und gemessene Präzision.

Das 19. Jahrhundert war die Wiege unserer heutigen Wissensgesellschaft, und Verne hat diese grundlegenden Veränderungen wie kein anderer Schriftsteller erzählerisch begleitet. Seine wichtigste innovative Leistung, so der Verne-Biograph Junkerjürgen, war die Erfindung des Wissenschaftsromans.

Bis dahin war die Schaffung von Literatur Dichtern vorbehalten gewesen, die ihren Lebensunterhalt aus eigenem Vermögen oder über Mäzene bestritten, nun gab es erstmals professionelle Schreibende, die mit dieser Tätigkeit ihren Lebensunterhalt verdienten. Damit einher ging auch eine Professinalisierung des Schreibens; neben dem Beruf des Schriftstellers entstand auch der Beruf des modernen Verlegers (s. Junkerjürgen 2018, S. 45).

In dieser Zeit der Umbrüche begegneten sich Jules Verne und Jules Hetzel. Jules Verne war 1861 mit Fleiß, Ideen und gutem Schreibhandwerk mäßig erfolgreich, als ihn sein Freund, der Schriftseller Alfred de Béhat, mit dem Verleger Jules Hetzel bekannt machte. Der erfahrene Verleger Hetzel nahm zwar Vernes Reisebericht einer Englandreise – *Voyage en Angleterre et en Ecosse* – nicht an, erkannte aber umgehend Vernes Talent als Geschichtenerzähler und schlug ihm stattdessen eine wirklich außergewöhnliche Reise vor. Verne nahm die Herausforderung an und schrieb über eine Reise im Ballon. So eine Luftreise war zu dieser Zeit zwar schon möglich, aber noch sehr ungewöhnlich. *Fünf Wochen im Ballon* (1863) wurde sein Durchbruch als professioneller Autor und der Beginn der fruchtbaren Zusammenarbeit des Schriftstellers Verne mit dem Verleger Hetzel. Die beiden Männer mit den vielen Talenten, Fleiß und strategischem Weitblick ergänzten sich offenbar perfekt (s. Junkerjürgen 2018, S. 45).

Verne und Hetzel – zwei moderne Literaturschaffende

Das Verlagswesen entwickelte sich in Folge des technischen Fortschritts in der Drucktechnik, und preiswerte Materialien ermöglichten die Massenproduktion, die die Nachfrage einer wachsenden gebildeten Leserschaft nach Unterhaltung und Information befriedigen sollte.

In Frankreich kam eine unabhängige Presse auf, deren eines Standbein der Fortsetzungsroman war. Strategisch planende Verleger wie Hetzel gaben gleich ein ganzes Portfolio von Zeitschriften und Romanen heraus: Die Print-Produkte erschienen zunächst als Fortsetzungen in den Zeitschriften und Zeitungen, später erfolgte ihre Zweitverwertung in Form von Büchern. So konnte Hetzel Themen und Erzählformen testen – was in der Zeitschrift gut lief, versprach auch als Buch einen Erfolg, was nicht lief, konnte angepasst oder ohne großen Verlust beendet werden. Diese Mehrfachverwertung ließ sich dem Publikumsgeschmack entsprechend steuern, versprach gute Gewinne und minimierte das unternehmerische Risiko (s. Junkerjürgen 2018, S. 45).

Solche Feuilletonromane machten neben den politischen Nachrichten und Werbeanzeigen einen erheblichen Teil des Zeitschriftenumfangs aus und waren gleichzeitig der Hauptkaufanreiz. Hetzel forderte von seinen Autoren, die einzelnen Episoden mit Cliffhangern enden zu lassen, und nahm damit bereits eine moderne dramaturgische Form bei Serien vorweg.

Der Selfmademan Hetzel kam aus einfachen Verhältnissen, sein Vater war Sattlermeister und seine Mutter Hebamme. Trotzdem konnte der junge Hetzel Jura studieren. Allerdings war, genau wie bei Verne, seine Faszination für Schreiben und Literatur stärker, sodass er das Studium abbrach und lieber bei einem Buchhändler arbeitete.

Durch die flächendeckende Bildung und die technischen Fortschritte veränderte sich der Markt für Druckprodukte rasant, sodass Menschen wie Hetzel in das Verlagsgeschäft einsteigen konnten. Als Verleger gab er Zeitungen, Zeitschriften und Bücher heraus und musste als Geschäftsmann hart kalkulieren. Um zielgruppengerechte Druckprodukte zu produzieren, war er gleichzeitig als Talentscout immer auf der Suche nach neuen, guten Autoren, die in sein Konzept passten.

Politisch war Hetzel überzeugter Republikaner und hatte daher einen pädagogischen Anspruch für seine Zeitschriften und Bücher: „Die Aufwertung des Pädagogischen im Sinne einer allgemeinen Schulbildung gehörte zu den Kardinalforderungen der Republikaner“ (Junkerjürgen 2018, S. 55). Die Forderungen nach allgemeiner Bildung und Schulpflicht bezogen sich allerdings, bei allen Forderungen nach Gleichheit, nur auf den männlichen Teil der Bevölkerung – von einer Gleichheit für Frauen war noch lange nicht die Rede.

Hetzel entwickelte daher besondere Formate für eine spezifische Kinder- und Jugendliteratur, wie es sie damals noch nicht gab. Kinder und Jugendliche galten bis dahin als kleine Erwachsene, und so waren die Schulbücher Mischungen aus Informationstexten und der Unterweisung in humanistischer und christlicher Moral. Ein Lernen mit Spaß und Lesen zur Freude an sich war nicht vorgesehen, eine Pädagogik in dem Sinne gab es noch kaum (s. Junkerjürgen 2018, S. 57).

In genau diese Marktlücke stieß Hetzel mit seinem *Magasin d'Éducation et de Récréation* vor. Dafür wollte er zwar auch selbst schreiben, suchte aber gleichzeitig noch passende Autoren. Die Themengebiete der moralischen Unterweisung veröffentlichte Hetzel unter Pseudonym; Medizin, Biologie und Astronomie waren bereits durch junge Autoren abgedeckt und nun sollte Verne noch die wichtigen Themen Geographie und Abenteuer liefern (s. Junkerjürgen 2018, S. 55).

Als das *Magasin* 1864 erschien, machte der Verleger seinen edukativen Anspruch im Vorwort klar: „Es geht uns darum“, verrät das Vorwort der ersten Nummer, „eine Familienbildung im wahren Sinne des Wortes zu schaffen, eine gleichermaßen seriöse und reizvolle Fortbildung, die den Eltern gefällt und den Kindern Nutzen bringt. Erziehung und Erholung – das sind in unserer Sicht zwei Begriffe, die einander entsprechen. Das Lehrreiche soll in einer Form auftreten, die Interesse weckt: Sonst schreckt es ab und wird verleidet; dagegen soll das Vergnügen eine moralische Wahrheit bergen, also nützlich sein; sonst wäre es leichtfertig und leerte die Köpfe, anstatt sie zu bereichern“ (Fehrmann 2007).

Ab 1866 kamen auch Vernes Beiträge dazu: Er füllte etwa die Hälfte der 32 Seiten einer Ausgabe mit Abenteuern und Geographie. Ein anderer Autor lieferte noch einmal fünf bis sieben weitere Seiten, dann gab es noch Texte mit moralischer Botschaft, einige Fabeln oder Gedichte und für die jüngeren Leser zwei bis drei illustrierte Seiten (s. Junkerjürgen 2018, S. 54).

Schnell wurde Verne berühmt und ein Zugpferd der Publikation, die sich rasch am Markt durchsetzte und finanziellen Gewinn einbrachte. Hetzels pädagogisches und verlegerisches Konzept ging auf. 1867 zeichnete die Académie Française das *Magasin d'Éducation et de Récréation* für den hochwertigen Inhalt mit dem Montyon-Preis aus, der die Verbreitung von Wissen belohnte. Hetzel war stolz auf diese Anerkennung und ließ sie auf seine in Buchform verlegten Ausgaben des *Magasins* aufprägen (s. Fehrmann 2007).

Die innovative Schaffenskraft im literarischen Werk von Jules Verne geht also nicht allein auf den Autor zurück, sondern ist auch ein Verdienst seines genialen Verlegers Jules Hetzel. Der erfahrene Publizist erkannte das Potenzial des jungen Schriftstellers, redigierte und beriet ihn konsequent und marktgerecht. Hetzel war also auch eine exzellenter Lektor und genialer Marketing-Experte. Verne war bisher von seinem Vater redigiert worden, nun akzeptierte er Hetzels professionelle Ratschläge und Forderungen.

Ihr erster Roman *Fünf Wochen im Ballon* erschien im Januar 1863 – Hetzel hatte ihn nach seinen Maßgaben beim Autor als außergewöhnliche Reise bestellt, redigiert und vermarktet. Der Kritiker Ernest Gervais stufte das Werk als innovativ ein und nannte die neue Literaturgattung *roman scientifique* – wissenschaftlicher Roman. Wenngleich die erste Auflage mit 2.000 Exemplaren nicht groß war, erwies sich die aufregende Ballonreise als langfristig erfolgreich (s. Junkerjürgen 2018, S. 60). So begann die langjährige fruchtbare Zusammenarbeit der beiden emsigen Literaturschaffenden.

Bürgertum mit Bildung und Selbstbewusstsein

Um 1850 war Lesen war kein außergewöhnliches Privileg mehr für wenige, sondern als Errungenschaft der Republik ein Teil der Schulbildung und eine Fähigkeit für viele. Auch wenn das französische Bildungssystem um 1850 noch unzureichend gewesen sein mag, konnten immerhin zwei Drittel der männlichen Bevölkerung lesen und schreiben.

In Deutschland führte diese Entwicklung der Literatur und Kultur für jedermann zu der 1867 beginnenden Reihe der Reclam-Hefte, die ein Pfeiler der Volksbildung wurden. Sie waren allerdings keine Neuschaffung eines innovativen Literaturgenres, sondern preiswerte Neuauflagen existierender Werke sowohl der Literatur als auch anderer Texte von Bedeutung.

Die Bürger in Frankreich, Deutschland, England und anderen europäischen Staaten waren mehr oder weniger gebildete Menschen mit Geld und Freizeit. Neben den beliebten Theatern wurden neuartige

Vergnügungen entwickelt, die dem technischen und wissenschaftlichen Fortschritt entsprachen und diese vergnüglich inszenierten. Forschung und Technik fanden vor dem begeisterten Publikum statt: Entwicklungen in der Aeronautik, Meeresbiologie, Kartographie und Geographie, Geologie und Biologie waren Teil des Tagesgesprächs und der Zeitungslektüre. Gleichzeitig entwickelte sich seit der Erfindung der Dampfmaschine die Technik unter anderem in den Bereichen Mobilität sowie Kommunikation und bildgebende Verfahren schnell weiter. Immer neue bildgebende Verfahren und optische Illusionen transportierten Informationen wie exotische und Phantasie-Reisen. Auch Entdeckungsreisen auf andere Kontinente wurden in der Presse, in Ausstellungen und Vorträgen der begeisterten Öffentlichkeit präsentiert, inszeniert als internationale Wettrennen mit Sportsgeist.

Ein anderer wichtiger Aspekt war die beginnende Internationalisierung und die damit einhergehende Bedeutung der Vereinheitlichung von Messverfahren und Maßen, wie die Einführung des metrischen Systems. Hochwertiges Glas ermöglichte neuartige Messinstrumente, die auch von Bürgern als Ausdruck von Bildung und Modernität gesammelt und zur Schau gestellt wurden. Optische Instrumente und Chronometer wurden für viele Bürger erschwingliche Statussymbole. Die Elektrizität kurbelte den Erfindungsreichtum noch weiter an. Wenngleich sie nur von wenigen verstanden oder ernsthaft erforscht wurde, ermöglichte sie doch eine ungeheure Vielzahl von ernsthaften Anwendungen und reizvollen Spielereien.

Reisen und Reisegeschichten als Eskapismus aus bürgerlicher Enge

Die bürgerliche Klasse genoss in dieser Zeit die Freizügigkeit einer Demokratie mit weitgehend freien Reisemöglichkeiten bei Garantie der persönlichen Rechte, zumindest in Europa und anderen zivilisierten Gegenden. Reisen zu Unterhaltungs- und – oft vorgeschobenen – Bildungszwecken waren eine Ausdrucksform des bürgerlichen Anspruchs auf Weltgewandtheit. So eroberten Bürger die ihnen offenstehende Welt mit Bildung und gefüllter Brieftasche, meist angemessen komfortabel. Urlaub und Urlaubsreisen gehörten zum arbeitenden Bürgertum dazu. Der Geistesarbeiter war ein Kaufmann oder Akademiker, der zwar hart arbeitete, dabei aber so viel verdiente, dass er sich auch Zeit der Muße leisten konnte.

Diese Bürger arbeiteten stetig an ihrer abgesicherten bürgerlichen Existenz und ihrer anständigen Fassade. Dabei vermissten zumindest einige von ihnen in ihren staubigen Büros und Kontoren, marmornen Sitzungssälen und kultivierten Ambientes Abenteuer, Spontaneität und Abwechslung. Das kompensierten sie dann zumindest teilweise mit Reisen, oft gemeinsam mit ihren Familien. Allerdings fanden auch die meisten Reisen in einem erwartungsgemäßen und angemessenen Rahmen statt, allein schon aus Rücksicht auf die Damen, die eigenen Zipperlein oder eben doch keiner so allzu großen Abenteuerlust. Echte Abenteuer mit Gefahr, Schmutz und ohne Komfort waren für Wohlstandsbürger und ihre Familien nicht angemessen, das ziemte sich höchstens für Geographen, Naturforscher, Soldaten oder Seeleute. So wurde das Mitverfolgen der abenteuerlichen Reisen anderer Menschen ein risikoloser und preiswerter Eskapismus aus der bürgerlichen Komfortzone.

Manche Reisen waren zwar reale Expeditionen, zumeist fanden sie aber in Roman- oder Berichtform statt, in Texten oder Bildern leicht verdaulich aufbereitet für ein schaulustiges Publikum. Das hält bis heute an – eines der besten Beispiele dafür ist die *Indiana-Jones*-Saga. Verne und seine Zeitgenossen – darunter englische und amerikanische Klassiker von abenteuerlichen, fiktiven oder gar phantastischen Reisen wie jene von Daniel Defoe, Edgar Allen Poe oder H. G. Wells – berichteten sowohl über reale Abenteuer als auch über Reisen auf den Mond, zu anderen Planeten, zum Meeresgrund oder ins Erdinnere (s. Dehs 2005, S. 25, 320; Junkerjürgen 2018, S. 43).

Es war kein Zufall, dass das Marketing-Genie Hetzel die Reihe *Außergewöhnliche Reisen* (*Voyages extraordinaires*) genannt hatte, schließlich war dies eine mächtige Metapher und ein verheißungsvolles Versprechen (s. Junkerjürgen 2018, S. 87).

Wichtige Bedingungen und Aspekte für die Authentizität moderner Heldenreisen sind:

- eine Bewegung im Raum und die Entdeckung der Welt,
- eine wissenschaftliche Forschungsreise oder das Streben nach Wissen (s. Junkerjürgen 2018, S. 79),
- Züge einer Initiationsreise zur Entwicklung der eigenen Persönlichkeit oder ein religiöses Anliegen (s. Junkerjürgen, 2018 S. 81).

Die Bewegung durch Zeit und Raum und das Streben nach Wissens- und Wissenschaftsgewinn erfüllt Verne auf jeden Fall. Darüber hinaus verknüpfte er die Ortsveränderungen seiner Protagonisten mit den großen Mythen des Abendlandes, wie etwa einer Reise in die Unterwelt oder die Unterwasserwelt in *20.000 Meilen unter den Meeren* (s. Verne 2003).

In *20.000 Meilen unter den Meeren* besuchen die Protagonisten als Zwischenstopps ihrer Reise sagenumwobene Orte wie Atlantis, die Sargassosee oder den Südpol, deren Mystik Verne durch damals aktuelle wissenschaftliche Erklärungen zwar entmystifiziert, aber nicht entzaubert. Seine Helden erleben zwar keine religiösen Reisen, besuchen aber sehr wohl Orte, die mit alten und neuen Mythen verknüpft sind – die alten Mythen werden übernatürlich erklärt und die neuen wissenschaftlich.

Vernes Akteure erleben also statt Urlaubsreisen Missionen mit hoch wichtigem Anspruch, meist reisen sie im Auftrag von Regierungen oder der Wissenschaft. Dazu kommt, dass sie dabei besondere Menschen treffen – wie Kapitän Nemo oder Robur – und mit ihnen Diskussionen über die großen existenzialistischen Fragen führen. Die Helden erleben auf ihren außergewöhnlichen Missionen also auch wirklich Außergewöhnliches und bringen wichtige Erkenntnisse, nämlich Entdeckungen und Erklärungen, mit nach Hause zurück. Damit ist auch der Punkt der Initiationsreise erfüllt.

Und genau dieser Punkt macht Vernes Erzählungen außergewöhnlich, denn er sorgt für einen gewissen „Mystery"-Effekt, der das Publikum verzaubert wie eine Handvoll Elfenstaub zwischen den papiernen Seiten. Auch wenn die Erklärungen naturwissenschaftlich logisch sind und das Publikum naturwissenschaftlich gebildet ist, sorgt dieser verzauberte und verzaubernde Funken des Übernatürlichen und Rätselhaften für den besonderen Touch und berührt auch eine emotionale Ebene. Damit setzt er sich von vielen anderen Autoren von Reise- und Wissenschaftsromanen ab.

Schaulust und bürgerliches Sehen

Immer neue Technologien in Mobilität, Kommunikation und Medien ermöglichten in dieser Zeit die stetige Eroberung neuer Räume für immer mehr Bürger. Dadurch veränderte sich auch die Wahrnehmung der Welt; Junkerjürgen (2018, S. 105–106) führt dafür den treffenden Begriff „bürgerliches Sehen" ein. Damit bezeichnet er das Erleben des Exotischen und Abenteuerlichen aus dem sicheren und bequemen Wohnzimmer heraus. Immer neue mediale Methoden, Ideen und Events führen zu einer größeren Teilhabe an einer Vielzahl von Inhalten, komfortabel und unterhaltsam gleichermaßen: „Das bürgerliche Sehen äußerte sich ebenso in der Rekonstruktion und damit der Domestizierung der Wildnis im Stadtraum."

Zur Befriedigung der Schaulust brachten findige Schausteller Panoramen mit fremden Kulturen und Welten in die Städte zur staunenden und zahlenden Menge. Dazu gehörte etwa die Einrichtung von Dioramen mit toten Tieren und Pflanzen als Schaufenster in die Wildnis, die Einrichtung von Zoos mit lebenden Wesen in Städten oder Aquarien als Schaufenster in Süßgewässer und Meere. Diese neue Wildnis war in einen festen Rahmen gefasst, der eine Mischung aus Nähe und Distanz gleichermaßen garantierte: Die Betrachtenden konnten nahe an die wilden Wesen wie etwa Kraken herangehen, aber nicht zu nah. Damit erlebten die Zuschauer Tiere in ihren Lebensräumen (s. Wonders 1993 S. 68), ganze Landschaften oder fremde Kulturen medial aufbereitet und nur noch teilweise authentisch, aber dafür nicht zu schreckerregend.

Mit solchen Präsentationen begann die Indoor-Erklärung und Vermittlung der Wildnis, die das unmittelbare eigene Erleben und Erforschen ablöste und einen bequemen Zugang garantierte. So gerahmt bespielte die Natur eine Bühne, gezähmt und zuverlässig abrufbar als vertikales Schnittbild des Abenteuers, ein kultiviertes Abbild der Wildnis.

Neben den bis dahin üblichen Abbildungen und hochkarätigen Illustrationen, die auch die Romane der *Phantastischen Reisen* mit prägten, kamen durch technische Neuerungen stetig neue bildgebende Verfahren dazu. Neben immer besseren Drucken kamen erste Prototypen der photographischen Abbildungstechniken wie die Daguerreotypie auf. Immer neue Bilderwelten und Techniken wetteiferten um die Aufmerksamkeit des anspruchsvollen zahlenden Publikums.

Verne griff diese bürgerliche Schaulust an Naturspektakeln auf und entwickelte dafür eine spezifische plakative Erzählweise in Text und Illustrationen (s. Adamowsky 2015, S. 179), basierend auf seiner

Erfahrung mit theatralischen Inszenierungen. Ein Beispiel dafür sind die großen, runden Panoramafenster des Tauchboots, durch die die drei Helden phantastische neue Entdeckungen machen, ohne dabei nasse Füße zu bekommen. Die runde Form erinnert an das zweckmäßige Bullauge und die Schiffssituation, die Größe hingegen steht für die verschwenderische Pracht eines viktorianischen Salons. Mit diesen Fenstern, vor denen die Helden aus dem abgedunkelten Raum das Schauspiel der Tiefsee hinter den sicheren Scheiben gebannt verfolgen, erschafft Verne eine Kino-Atmosphäre und nimmt das filmische Sehen vorweg (s. Junkerjürgen 2018, S. 107): „Wie man sieht, geizte das Meer auf dieser Überfahrt nicht mit der Zurschaustellung seiner Wunderwelt. Ein Schauspiel löste das andere ab, unablässig wurden Szenen und Dekor gewechselt, damit wir, als geladene Gäste, das Werk des Schöpfers bestaunen und in die Geheimnisse des Ozeans vordringen konnten“ (Verne 2003, S. 209).

Kapitän Nemos Angebot an Prof. Aronnax, eine besonders interessante Felsformation, an der sie vorübergleiten, mit der Kamera festzuhalten, führt auf die nächste mediale Stufe: Die Photographie zur Dokumentation und als medialer Ersatz einer Trophäe. Auch mit der Bewegung der *Nautilus* durch die submarine Kulisse nimmt Verne bereits das filmische Sehen vorweg.

Im festen Rahmen des Fensters erscheint die Wildnis der Ozeane gerahmt und gezähmt und so leichter verdaulich für Sofa-Abenteurer. Die Tauchtechnologie versieht die Wildnis der eigentlich endlosen Ozeane mit menschlich erfassbarer Perspektive sowie guter Ausleuchtung und macht sie so endlich (s. Adamowsky 2015, S. 178). Die echte Weite des Ozeans hingegen dürfte die meisten Menschen bis heute in unbeschreibliches Entsetzen verfallen lassen, ist doch der menschliche Geist mit der End- und Bodenlosigkeit und dem fremden Element meist überfordert.

Dass die Lesenden, Beobachtenden die Protagonisten im Tauchboot begleiten und von innen nach außen schauen, ist eine Umkehrung der tatsächlichen Verhältnisse (s. Adamowsky 2015, S. 178). Da der submarine Salon aber als vorgeschobener Posten des eigenen Salons empfunden wird, löst die Unterwasserwelt vielleicht ein leichtes Prickeln beim Publikum aus, wird jedoch nicht als existenzbedrohendes Szenario wahrgenommen. Ganz sicher war diese bürgerliche Sehlust eine der Triebfedern für Vernes Erfolge als Autor und den großen Erfolg der Reihe *Außergewöhnliche Reisen*.

DIE ENTWICKLUNG VON WISSENSCHAFT UND TECHNIK IM 19. JAHRHUNDERT

„Wenn der Mensch seine Stellung
in der Natur richtig begreifen und
sein Verhältniss zu der
erkennbaren Erscheinungs-Welt
naturgemäß erfassen will,
so ist es durchaus nothwendig,
ganz objectiv die Naturgeschichte
des Menschen mit derjenigen
der übrigen Organismen,
und besonders der Thiere
zu vergleichen."

Erich Haeckel 1889, S. 277

Im Laufe des 19. Jahrhunderts wurden die Kirchen in Europa immer weiter aus ihrem Allmachtsanspruch für das gesamte Leben der Menschen zurückgedrängt hin zu einer Reduzierung auf ihre spirituelle Bedeutung. Dafür trat allmählich die Wissenschaft an die Stelle der Kirche in der Deutung der Natur. So tobte in der zweiten Hälfte des 18. Jahrhunderts die erbitterte Auseinandersetzung zwischen dogmatischen Klerikern und progressiven Wissenschaftlern um die Evolutionslehre. Die Kirche fürchtete um ihre Deutungshoheit der Natur und auch des Menschen als göttliche Schöpfung und ihre gottgewollte Ordnung. Die aufsteigenden Disziplinen der Geologie, Paläontologie und Biologie hingegen fanden immer neue Belege dafür, dass die Welt wesentlich älter sein musste, Arten auch aussterben können und sich Lebensformen offenbar entwickeln.

„Wissenschaft [hier: Naturwissenschaft] ist

- zum einen die Gesamtheit des begründeten und überprüfbaren Wissens, das zu einer bestimmten Zeit in der Menschengemeinschaft als gesichert und irrtumsfrei gilt,
- zum anderen die Tätigkeit des Menschen, begründetes, überprüfbares, irrtumsfreies, nachvollziehbares Wissen zu erarbeiten und wieder infrage zu stellen (Forschung), dieses Wissen einschließlich seiner Grundlagen sowie den Weg zu diesem festzuhalten (Dokumentation) und es an Studierende zu vermitteln (Lehre).

Forschung, Dokumentation und Lehre erfolgen geplant, zielgerichtet und systematisch", definiert etwa die Universität Erfurt „Wissenschaft" für ihre Studierenden.

Die Brockhaus-Enzyklopädie definiert Wissenschaft als den „Prozess methodisch betriebener Forschung und Lehre als Darstellung der Ergebnisse und Methoden der Forschung mit dem Ziel, fachliches

Wissen zu vermitteln und zu wissenschaftlichem Denken zu erziehen. Die Wissenschaft beginnt mit dem Sammeln, Ordnen und Beschreiben ihres Materials. Weitere Schritte sind die Bildung von Hypothesen und Theorien. Sie müssen sich am Material bestätigen (Verifikation) oder bei Widerlegung (Falsifikation) durch neue ersetzt werden“ (Brockhaus 1994, S. 227).

Der Begriff „Wissenschaft“ ist nicht ganz einfach zu definieren, aber diese Beschreibungen geben eine gute Näherung. Der Begriff ist nicht neu, hat sich aber seit den Philosophen und Vordenkern der Antike erheblich gewandelt. Schließlich ist das Verständnis, was Wissenschaft ist und wie wissenschaftliches Arbeiten auszusehen hat, auch immer ein Spiegel der Gesellschaft und des Denkens der jeweiligen Zeit. Wissenschaftliche Aussagen oder Theorien geben uns auch immer einen Einblick in ihre Epoche und ihre Kultur.

Die Biologie kam, wie auch die Geologie und Paläontologie, als Begriff und Disziplin im frühen 19. Jahrhundert auf und durchlief dann, auf der Basis von und in Wechselwirkung mit der ebenfalls boomenden Chemie und Physik eine rasche Entwicklung und Aufspaltung in Unterdisziplinen.

Im 19. Jahrhundert veränderten sich die Wissenschaften, sie wurden empirischer, angewandter und internationaler: „[...] die Exaktheit machte Wissenschaft zuverlässig und erst die Systematik machte sie international kommunizierbar“ (Junkerjürgen 2018, S. 7). Im ersten Drittel des Jahrhunderts lag der Schwerpunkt der Meeresforschung auf den physikalischen und chemischen Untersuchungen: Temperatur, Salzgehalt und Dichte des Meerwassers sowie die Entstehung und Ausbreitung von Wellen. Ab etwa 1850 begannen die Biologen mit der Erforschung der Meere, dabei war die Meeresbiologie eng an die zu dem Zeitpunkt revolutionäre Evolutionstheorie gekoppelt.

Parallel zur Erforschung wurden die Möglichkeiten der wirtschaftlichen Nutzung der Meere immer deutlicher, und so entstand zur Versorgung der wachsenden Bevölkerung eine systematische, angewandte Fischereiforschung. Dieses wirtschaftliche Interesse nutzte zugleich auch der Grundlagenforschung, weil Forscher dadurch staatliche finanzielle Unterstützung für ihre teuren Expeditionen bekommen konnten.

Für die Erforschung der Hochsee brauchte man Schiffe, die speziell dafür ausgerüstet waren, und eine Mannschaft für deren Betrieb; Schiffszeit ist bis heute ein erheblicher Kostenfaktor der Meeresforschung. Gleichzeitig wurden geopolitische und strategische Gesichtspunkte für die Exploration der Hochsee und der Pole wichtig. Mit fortschreitender Technologie konnten Wissenschaftler dann auch in tiefere Regionen der Ozeane vorstoßen und bekamen erste Momentaufnahmen aus diesem Lebensraum.

Bis heute ist die Meeresforschung hochgradig interdisziplinär und durch Hochtechnologie geprägt, aus den gleichen Gründen ist sie stark international. Aber trotz all unserer Technik und unseres Wissens bleibt die Meeresforschung immer noch vom Nimbus des Abenteuers umwabert – bedeutet sie doch immer wieder den Vorstoß in ein Element, das für uns Menschen lebensfeindlich und bedrohlich ist und von dem die meisten Menschen bestenfalls die Oberfläche und Küstengewässer kennen.

Meilenstein Evolutionslehre

Um 1850 setzten sich die Wissenschaften zunehmend von der Kirche ab; die spätestens seit dem 17. Jahrhundert offensichtlich gewordenen Widersprüche zwischen biblischen Berichten und naturwissenschaftlichen Erkenntnissen wurden immer lauter und öffentlichkeitswirksamer diskutiert. Mit dem Verlust der Kirche an Macht und Einfluss gewann die Wissenschaft an Unabhängigkeit und Ansehen.

Die Geologie und Paläontologie lieferten klare Beweise für die tiefgreifenden Veränderungen der Welt, und bald setzte sich für diese Veränderungen der Begriff „Evolution“ durch; so beschreibt der deutsch-amerikanische Evolutionsforscher Ernst Mayr diesen tiefgründigen Wechsel (s. Mayr 2005, S. 24).

Immer mehr Wissenschaftler beschäftigten sich damit und trugen ihre Beobachtungen zusammen – in diesem Ideenklima veröffentlichte Charles Darwin am 24. November 1859 sein Werk *On the origin of species (Die Entstehung der Arten)*. Ein Meilenstein und Paukenschlag gleichermaßen.

Charles Darwin hatte sich schon als Kind im ländlichen England für die Naturgeschichte begeistert und erste Beobachtungen zur Zuchtwahl und den dahinterliegenden Mechanismen auf der Farm seines Großvaters an dessen Tieren gemacht. Da er wie sein Vater Arzt werden sollte, studierte er zunächst in Edinburgh Medizin. De facto beschäftigte er sich aber statt mit Medizin lieber mit Meereszoologie, Chemie und anderen naturwissenschaftlichen Themen. Darum schlug sein Vater ihm schließlich vor, stattdessen Theologie in Cambridge zu studieren. Schließlich könne er seine naturkundlichen Studien auch als Geistlicher weiterhin betreiben, waren doch die meisten Naturforscher seiner Zeit ordinierte Priester.

Allerdings beschäftigte Darwin sich auch in Cambridge weiterhin so engagiert mit der Naturkunde, dass einer seiner Dozenten ihm nach dem Examen eine Einladung zu einer Forschungsreise verschaffte: So schiffte sich der junge Naturforscher 1831, mit 22 Jahren, auf dem Forschungsschiff *HMS Beagle* ein, zur Vermessung der südamerikanischen Küste. Das kleine Schiff brach unter seinem Kommandanten Captain Robert Fitzroy auf, und Darwin arbeitete auf der fünf Jahre dauernden Reise als Wissenschaftler. In dieser Zeit nahm er unermüdlich alle biologischen und geologischen Informationen auf, die sich ihm boten: vom Sammeln und Zuordnen von Fossilien, wie etwa den Riesenfaultier-Versteinerungen, und Beobachtungen zur tektonischen Aktivität der Pazifikküste bis zum Sammeln von Plankton und bahnbrechenden systematischen und stammesgeschichtlichen Forschungsergebnissen, etwa der Seepocken.

Diese kleinen unscheinbaren Tiere in weißen Kalkpanzern leben in dichten Kolonien entlang der Küsten, bei Flut öffnen sie ihre Kalkschalen, bei Ebbe schließen sie sie gegen das Austrocknen. So alltäglich ihr Anblick war, so mysteriös waren ihre Abstammung und Verwandtschaft. Ohne Kopf und mit nur wenigen Organen ließen sich die Seepocken keiner anderen bekannten Tierart zuordnen, auch ihre Fortpflanzung blieb ein Geheimnis. Darwin hatte im Pazifik mit seinem feinmaschigen Planktonnetz auch einige ihm nicht bekannte Krebslarven eingefangen, deren Entwicklung er beobachtete. Wie überrascht war er, als die freischwimmende Larve in einer außergewöhnlichen Metamorphose eine vollständige Verwandlung zur festsitzenden Seepocke durchlief! In der Seepocke sind vor allem der Verdauungstrakt und die Fortpflanzungsorgane erhalten, die Schalen sind die abgewandelte Krebspanzerung, und die Cirren, mit denen die kleinen Tiere im Wasser nach Nahrung fischen, sind Krebsbeinchen. Die kleinen Gepanzerten liegen in ihrer Kalk-„Burg" also auf dem Rücken und angeln mit flimmernden zarten Beinchen nach vorbeischwimmenden Nahrungspartikeln. Bei Ebbe oder Gefahr schließen sie die Schalenklappen ihrer Trutzburg und sitzen dann darin in einem sicheren Mini-Aquarium mit Wasser- und Nahrungsvorrat bis zur nächsten Flut.

Darwin war von diesen kleinen Krebsen fasziniert und widmete den lebenden und fossilen Seepocken und ihren Verwandten umfangreiche Publikationen mit neuen systematischen Gruppen: Die Teilklasse dieser festsitzenden Mini-Krustentiere nannte er Cirripedia (Rankenfußkrebse), darin sind die Seepocken eine Ordnung.

Diese Arbeit ist auch ein Paradebeispiel dafür, wie stark abgewandelt manche erwachsenen Tiere sind. Erst bei der Betrachtung ihrer Larven (oder Embryonen), die noch die Merkmale ihrer Vorfahren tragen, werden die Verwandtschaftsverhältnisse deutlich. Für diese herausragende taxonomische Arbeit erhielt Darwin später die Royal Medal, eine hohe Auszeichnung der Royal Society.

Während der Südamerikareise sammelte Darwin eine Unmenge weiterer Daten und Informationen, außerdem konnte er ohne Ablenkung konzentriert in seinem kleinen Schiffsuniversum an einem umfassenden theoretischen Konzept dazu arbeiten. Darwin war keinesfalls der Einzige dieser Zeit, der sich mit der Entwicklung von Arten beschäftigte. Aber er war einer derjenigen, die strukturiert und umfassend ein interdisziplinäres theoretisches Konzept erarbeiteten. Auch sein Fachkollege, der Autodidakt Alfred Russel Wallace, arbeitete nach einigen Fernreisen an einem Konzept zur Erklärung der Biogeographie, also der Verteilung der Pflanzen- und Tierarten in der Welt. Darwin und Wallace standen, wie es damals üblich war, in Korrespondenz und im stetigen geistigen Austausch. Allerdings war Darwin wohlhabend – durch die Heirat mit der Wedgewood-Erbin Emma – und hatte einflussreiche Gönner, die dafür sorgten, dass er seine Schriften zur Entwicklung der Arten als Erster publizierte.

Mit seinem Werk aus fünf zentralen Publikationen formulierte er die Grundlagen der Evolutionstheorie: 1. die Veränderlichkeit der Arten (die grundlegende Evolutionstheorie), 2. die Abstammung aller Lebewesen von gemeinsamen Vorfahren (Evolution durch Verzweigung), 3. der allmähliche Ablauf der Evolution (keine Sprünge, keine Diskontinuitäten), 4. die Vermehrung der Arten (Entstehung biologischer Vielfalt), 5. die natürliche Selektion (s. Mayr 2005, S. 147 ff.).

Damit legte er nicht nur ein bahnbrechendes Stück Wissenschaft vor, das tiefgreifende Veränderungen in Wissenschaft und Gesellschaft auslöste, sondern demonstrierte gleichzeitig wissenschaftliche Methodik der Moderne par excellence (s. Mayr 2005, S. 146). Darwins evolutionstheoretisches Konzept traf auf viele Wissenschaftler, die diese neuen Ideen begierig aufsogen, weiter kommunizierten und ausbauten. Auf der anderen Seite hatte dieses revolutionäre Gedankengut auch viele Gegner in Wissenschaft, Kirche und anderen einflussreichen Kreisen. Ein besonderer Affront war für sie, dass Evolutionsanhänger wie Charles Darwin auch noch den Menschen im Tierreich und am Ende einer Evolution stehend postulierten. Die angebliche Verwandtschaft mit Affen und Urmenschen empörte und erschütterte so manche Würdenträger und Bürger bis ins Mark.

Mit der zunehmenden Verbreitung der Evolutionslehre rückten Meereswirbellose, ihre komplexen Metamorphosen und ihre Verwandtschaftsverhältnisse in den Fokus: Würmer, Schwämme, Seeanemonen, Korallen und Quallen sowie Krebse wurden zunehmend wichtigere Forschungsobjekte. Neben der Metamorphose von Larven hängt auch die Embryologie unmittelbar mit der Evolutionstheorie zusammen, durchläuft ein Embryo während seiner Entwicklung doch einen Teil seiner Stammesgeschichte und gibt wertvolle Hinweise auf seine systematische Stellung im Reich der Tiere. Aus der Naturphilosophie entwickelten sich die Naturkunde und dann die modernen Naturwissenschaften, um die Morphologie (Gestalt), Anatomie und Embryologie dieser so fremdartigen Wesen besser erforschen und sie systematisch einordnen zu können.

Das Konzept der Evolutionstheorie beeinflusste auch die zoologische Forschungsmethodik stark, weil es bereits vorliegende umfangreiche empirische Befunde in einen neuen Kontext stellte und sie als zusammenhängendes wissenschaftliches Szenario schlüssig erklärte. Die Evolutionstheorie war dabei hochgradig interdisziplinär und trug Fakten und Überlegungen aus der Paläontologie, der vergleichenden Embryologie und Anatomie, der Systematik und

Biogeographie zu einem großen System zusammen. Darwin selbst war in verschiedenen wissenschaftlichen Disziplinen beschlagen, wenn auch seine Arbeiten in der Paläontologie und Geologie heute weniger bekannt sind. Ohne seine fundierten Kenntnisse und Arbeiten in sehr verschiedenen Gebieten hätte er ein so komplexes theoretisches Gerüst wie die Evolutionstheorie kaum formulieren können. Auch deutsche Wissenschaftler wie Anton Dohrn und Erich Haeckel tauschen sich mit Darwin über neueste Erkenntnisse aus und arbeiteten ebenfalls intensiv auf dem Gebiet der Evolutionsforschung (s. Werner 1993, S. 2).

Trotz der wissenschaftlichen Fortschritte und der Entwicklung der Evolutionstheorie blieb in weiten Kreisen der Wissenschaftler der Glaube an die naturgegebene göttliche Ordnung fest im Weltbild verankert. Die göttliche Ordnung war die Basis für die Herrschaft des Menschen als Krone der Schöpfung über alle anderen Spezies. Damit war explizit der weiße Mann der hoch entwickelten, zivilisierten Industrienationen gemeint – Frauen und nicht in diesem Sinne zivilisierte und entwickelte Menschen waren untergeordnet. Damit war diese vermeintlich naturgegebene Ordnung auch die Begründung für die brutale, unrechtmäßige Kolonialherrschaft und entwickelte sich letztendlich zu den menschenverachtenden Rassentheorien. Diese Überheblichkeit ging auch weiterhin mit einer moralischen Wertung anderer Lebensformen und der anthropozentrischen Be- oder Verurteilung derer Verhaltensweisen als hässlich, grausam oder unzüchtig einher. Die Anerkennung der Evolutionstheorie stand also vor gewaltigen Hindernissen, da sie auch die Herrschaftsbasis hinterfragte.

Meeresbiologische Stationen und Experimental-Biologie

Der deutsche Zoologe Anton Dohrn erforschte die Embryonalentwicklung der Krebse durch die Untersuchung rudimentärer (zurückgebildeter) Organe. Dabei hatte der deutsche Biologe Anknüpfungspunkte mit Darwin und dessen Rankenfußkrebs-Forschung.

Anton Dohrn war wegen genau dieser embryologischen Fragestellungen an Krebsen auf die Idee gekommen, Forschungsaquarien einzurichten, am besten in der Nähe der Küste und mit einfachem Zugang zum Meer. So entwickelte er die Idee der Zoologischen Station Neapel an der lieblichen Küste des Mittelmeers. Anders als in den kühlen nordischen Meeren wie Nord- und Ostsee ermöglichte das angenehme Klima in vielen Monaten des Jahres den Zugang zum Mittelmeer, außerdem gab es hier keine so starken Gezeiten wie in der Nordsee. Viele andere Fachleute unterstützten Dohrn dabei und die Meeresstation am Mittelmeer nahm immer konkretere Formen an (s. Werner 1993, S. 4).

Auch Charles Darwin unterstützte diese Idee und förderte die Einrichtung der zoologischen Station mit Geldspenden. So wurde 1872 in Neapel eine der weltweit ersten zoologischen Stationen am Meer gegründet.

Dohrn unterstrich immer wieder die Bedeutung solcher Institutionen und ihren Einfluss auf die sich entwickelnde Zoologie, speziell für Gebiete wie Morphologie (Lehre von der Gestalt eines Organismus), Entwicklungsgeschichte (Keimesentwicklung und Embryologie sowie Stammesentwicklung) und Physiologie (Lehre von den normalen, insbesondere biophysikalischen, Lebensvorgängen in den Zellen, Geweben und Organen aller Lebewesen). Bis zu diesem Zeitpunkt hatte Forschung überwiegend in Museumssammlungen an toten Organismen stattgefunden oder es wurden Tiere direkt für die Forschung getötet und dann untersucht. Dohrn hingegen vertrat den neuartigen Ansatz, anhand von lebenden Tieren ihre Entwicklungsprozesse und ihre Lebensweise unter wissenschaftlichen Bedingungen zu studieren und zu beschreiben. Von der reinen Beschreibung eines statischen Zustands ging es hin zum Experiment sowie der Aufstellung und direkten Überprüfung von Hypothesen.

Die Biologie-Stationen sollten also den Zugang zum Meer und umfangreiche Aquarien und Labore, ausgestattet mit Mikroskopen, Labortechnik und vielen anderen Geräten, zur Verfügung stellen; Wissenschaftler konnten dort für ihre Forschungsprojekte Tische für Wochen oder Monate buchen und bezahlen. Dieses neuartige Konzept einer wissenschaftlichen Dienstleistung (s. Werner 1993, S. 3) hat bis heute Bestand.

Die zoologische Station Neapel war im Mittelmeergebiet die berühmteste dieser Institutionen; weitere gab es im italienischen Triest und in Frankreich, wie das Laboratoire Arago in Banyuls-sur-Mer und l'Observatoire Océanologique de Villefranche-sur-Mer.

Die zoologische Station Neapel war über ihre naturwissenschaftliche Bedeutung hinaus auch ein Zentrum kulturellen und künstlerischen Austauschs. Neben den Naturwissenschaftlern hielten sich auch renommierte Künstler hier auf.

In dieser Aufbruchstimmung der experimentellen Wissenschaft wurde auch die Biologische Anstalt Helgoland geplant. Deutschlands einzige Hochseeinsel ist vor allem aufgrund ihres einzigartigen Felswatts und ihrer exponierten Lage weit vor der Küste ein aufregender Forschungsstandort – eine Insel mitten in der Nordsee, Gebäude und Infrastruktur in der Hochsee, mit einer Vielzahl mariner und Küsten-Ökosysteme. Schon vor der Einrichtung der Station haben Biologen die abgelegene Insel für bedeutende Forschungsarbeiten genutzt: Christian Ehrenberg und Rudolf Wagner hatten auf Helgoland das geheimnisvolle Meeresleuchten erforscht und herausgefunden, dass das nächtliche geisterhafte Glühen im Meer durch den einzelligen Dinoflagellaten *Noctiluca scintillans* verursacht wird (s. Werner 1993, S. 542). Zu dieser Entdeckung später mehr. Ehrenbergs Name ist in *20.000 Meilen unter den Meeren* genannt, jedoch falsch geschrieben.

Andere Biologen untersuchten Seescheiden, Meereswürmer oder Medusen. Einer der berühmtesten Medusen-Forscher war Ernst Haeckel, der sich auch intensiv mit der Larval-Entwicklung dieser ungewöhnlichen, damals noch wenig erforschten Nesseltiere beschäftigte. Gelatinös-transparent, mit ephemeridenhafter tänzerischer Anmut und dennoch stabil und wehrhaft ziehen sie als höchstmöglich fremdartige Wesen viele Betrachter bis heute in ihren Bann.

Erich Haeckel ist gleichzeitig eine der wichtigsten Figuren in der Kommunikation dieser Organismen und ihre Entwicklungsstadien über die Fachwelt hinaus; gerade seine plakativen und ästhetischen Medusen-Zeichnungen üben bis heute einen ungebrochenen ästhetischen Reiz auf Menschen aus. Der deutsche Biologe zeichnete und arrangierte Organismen ästhetisch sehr ansprechend zu großformatigen Bildtafeln, die bis heute in großer Auflage immer und immer wieder gedruckt und aufgelegt werden – als *Art Forms in Nature*. Neben den Abbildungen popularisierte er die Biologie in wortgewaltigen Vorträgen über die Fachwelt hinaus (s. Haeckel 1889, S. X), sein Wissenschaftsmarketing ist selbst aus heutiger Sicht noch beeindruckend.

Allerdings war seine Art und Weise, Organismen zu betrachten und zu studieren, bald veraltet und die empirischen Wissenschaften zogen allmählich an ihm vorbei (s. Werner 1993, S. 24). Bereits bei der Gründung der Biologischen Anstalt Helgoland gab es die Tendenz zur modernen empirischen Wissenschaft, sowohl in der Grundlagen- als auch in der angewandten Forschung. Ein Vorreiter war der deutsche Meeresbiologe Victor Hensen, der die moderne

Plankton-Forschung begründete. Die Erfassung dieser treibenden Meereswesen-Community mit neuen quantitativen Methoden lieferte Basisinformationen zur Nutzung der Meeresressourcen für die Versorgung der Menschen: Plankton ist die Basis der marinen Nahrungsnetze und damit wichtig für das Wachstum von Fischen, Krebsen, Muscheln und anderem Seafood bis hin zu Walen sowie letztendlich für die Ernährung vieler Menschen. Wenig verwunderlich, dass Haeckel und Hensen in erbittertem Streit standen, beide setzten sich jahrelang mit Streitschriften auseinander.

Ein anderer wichtiger Vertreter der neu aufkommenden angewandten Wissenschaften war Friedrich Heincke mit seiner Fischereiexpertise. Er und andere Fischereispezialisten betrachteten das Meer in erster Linie als Produktionsstätte, die es wirtschaftlich auszubeuten galt. Aufgrund seiner wissenschaftlichen Kompetenz und seiner einflussreichen Unterstützer wurde Professor Friedrich Heincke der erste Leiter der Biologischen Anstalt Helgoland (s. Werner 1993, S. 32). Bis heute trägt das jeweils größte Forschungsschiff der Biologischen Anstalt Helgoland (BAH) seinen Namen.

Diese Entwicklungen und Diskussionen im meeresbiologischen Bereich haben Vernes *20.000 Meilen unter den Meeren* maßgeblich beeinflusst. Während Prof. Aronnax und sein Diener Conseil getreu der älteren Schule der Meeresbiologie mit der Beschreibung und systematischen Einordnung qualitativ arbeiten, sehen Kapitän Nemo und der Waljäger Ned Land die moderne Nutzung der marinen Ressourcen im Vordergrund. Die Entwicklung und Stammesgeschichte der Meereswesen thematisiert Verne nicht und umschifft so in *20.000 Meilen unter den Meeren* das kritische Thema Evolution.

Eine Diskussion um Paläontologie und Evolution stellt er in einem anderen Roman vor: In *Die Reise zum Mittelpunkt der Erde* beschäftigen sich seine Protagonisten damit. Der Hamburger

Mineralogie-Experte Otto Lidenbrock und sein Neffe Axel steigen ins Erdinnere hinab und stoßen dort auf vorsintflutliche Fauna und sogar auf den Schädel eines vorsintflutlichen Menschen (s. Junkerjürgen 2018, S. 76.) Dabei vertritt der gläubige Katholik Verne (s. Dehs 2005, S. 159) allerdings nicht die hitzig diskutierte Evolutionstheorie Darwins, sondern legt seinem Helden die weniger revolutionäre Lamarck'sche Theorie zur Entstehung der Arten in den Mund (s. Dehs 2005, S. 180).

Geographie und Ozeanographie

> *„Ist dieses wie Blut so salzige Meer, das einen Kreislauf besitzt, einen Puls und ein Herz (wie Maury den Äquator nennt), in dem der Austausch seiner beiden Blutarten stattfindet – ist ein Wesen, dem nichts von alldem fehlt, ein unorganisches Etwas?"*
> Jules Michelet: Das Meer, S. 53

Verne verfügte über ein fundiertes geographisches Wissen und Interesse, u. a. hatte er 1867 das von Théophile Lavallée begonnene Nachschlagewerk *Géographie illustrée de la France et de ses colonies* abgeschlossen; nach Lavallées Tod hatte Hetzel seinen Jung-Autoren darum gebeten.

Verne führte seine Helden in die noch wenig erschlossenen Regionen der Welt, sodass die Unsicherheit und die zu erwartenden Entdeckungen ihre Reisen außergewöhnlich machten. Die zeitgenössischen wissenschaftlichen Herausforderungen lagen vor allem in der Geographie und Technik, bedeutete doch die Kartographierung der Welt eine Neudefinition des Verhältnisses der Menschen zu ihrem Lebensraum und der Natur (s. Junkerjürgen 2018, S. 61).

Indem unendliche Weiten in Zahlen und Dokumentationen gefasst wurden, verloren sie einen Teil ihrer Wildheit, sie erschienen zivilisierter und begreifbarer. Weiße Flecken auf den Landkarten wurden aufgrund ihrer Benennung durch Europäer für diese beanspruchbar und verwaltbar. Im Zeitalter der Expansion und des Kolonialismus war kartographisches Wissen ein Machtinstrument (s. Dupuy 2013).

Auch wenn die Küsten der Welt bereits weitgehend kartiert und dokumentiert waren, hatten sich das Innere fremder Kontinente und die Hoch- und Tiefsee ihrer Vermessung durch Europäer noch entzogen. Die gewaltige Wassersäule der Meere machte ihre Tiefen und den Meeresboden genauso unerreichbar wie die unter meterdickem Eis verborgenen Polargebiete. An Theorien hingegen fehlte es nicht, manche waren naturwissenschaftlich fundiert, andere eher naturphilosophisch.

Michelet hatte in seinem Meisterwerk über das Meer die Naturgeschichte der Ozeane poetisch und sprachgewaltig eingefangen, dabei aber auch nicht an emotionalen und moralischen Betrachtungen gespart. So sind die Meeresströme für ihn wie organische Blutgefäße und die Meeresbewohner sind die Kinder des Meeres. Damit bleibt er in der Gedankenwelt der Naturphilosophie.

Verne hat dagegen die damals erst in Rudimenten existierende Ozeanographie sachlich naturwissenschaftlich beschrieben; statt emotionaler Apelle bemüht er sich um rationale Begründungen. Damit folgt er den ersten Ozeanographen, die mit naturwissenschaftlichem Denken ihr neues Forschungsgebiet als moderne Naturwissenschaft aufbauten. Auch wenn viele der damaligen Theorien und Begründungen heute widerlegt sind, war die methodische Herangehensweise wissenschaftlich fundiert und führte letztlich zur modernen Meereskunde.

Genauso ging Verne in seinen Romanen vor: Er schickte seine Protagonisten auch an sagenumwobene Orte des Meeres, um diese zu erforschen. Die Lesenden begleiteten die modernen wissenschaftlichen Helden dann auf ihrer Suche nach naturwissenschaftlich plausiblen Erklärungen für diese Mythen. Trotz der rationalen Erforschung bleibt ein magischer Mystery-Touch erhalten, der Zauber der besonderen Orte wirkt weiter.

Die Entwicklung der Ozeanographie begann zu Vernes Zeiten maßgeblich mit dem US-Amerikaner Matthew Fontaine Maury. Maury war zunächst Marineoffizier, musste aber nach einer Verletzung bei einem Kutschenunfall aus dem aktiven Dienst ausscheiden. Allerdings blieb er im Dienst der Marine und wertete systematisch Logbücher von Marineschiffen, Walfängern und anderen Überseeschiffen nach nützlichen Informationen für die Seefahrt aus. Darum wurde er 1842 zum Direktor des Archivs der Seekarten und 1844 des Nautischen Observatoriums (Naval Observatory) in Washington, D.C. berufen. So trug er Unmengen an physikalischen und ozeanographischen Details zusammen und erstellte daraus 1847 erstmals Seekarten mit Angaben zu Winden, Strömungen, Tiefen und Walwanderungen. Da der Walfang ein wertvoller Industriezweig war, notierten die Walfang-Kapitäne sorgfältig ihre Fänge und Wanderungen, und Maury analysierte diese Informationen erstmals systematisch. Außerdem gehörte auch die Dokumentation meteorologischer Daten auf US-Marineschiffen seit 1847 zum Standard.

Mit seiner strukturierten Sammlung und Ordnung dieser vielen Detailfakten sowie seiner offenen Kommunikation und der Zusammenarbeit mit anderen Meeresexperten etablierte Maury erstmals eine moderne wissenschaftliche Vorgehensweise in der Ozeanographie. Maury dachte aber noch weiter und konnte die US-Regierung von der Notwendigkeit internationaler Zusammenarbeit überzeugen. So kam es 1853 zur ersten International Maritime Conference der seefahrenden Nationen in Brüssel. Auf der Tagesordnung stand zuerst die Entwicklung international einheitlicher meteorologischer Standards.

Maurys 1855 publiziertes Buch *The Physical Geography of the Sea* war das erste Ozeanographie-Lehrbuch, u. a. mit der erstmaligen Beschreibung des Golfstroms. Mit seiner Expertise unterstützte Maury auch das Telegraphen-Projekt zur schnelleren Kommunikation zwischen Europa und Nordamerika: Er bestimmte die beste Position für die Verlegung des Transatlantischen Telegraphenkabels (s. Kunzig 2002, S. 43).

Sargassosee

„Die Sargassosee bedeckt […] den gesamten versunkenen Teil von Atlantis", so beginnt Verne mit den sagenhaften Beschreibungen des in der Antike versunkenen Kontinents. Danach übernimmt Prof. Aronnax mit der naturwissenschaftlichen Beschreibung dieses einzigartigen schwimmenden Tang-Dschungels mitten im Meer und zitiert die verschiedenen Erklärungen: Einige Autoren meinen, die Pflanzen würden von dem untergegangenen Kontinent Atlantis stammen. Er, Aronnax, stimme aber eher denen zu, die behaupten, die Gräser und Tange hätten sich von amerikanischen und europäischen Küsten losgerissen und würden sich dort in einem Wirbel sammeln, der vom Golfstrom angetrieben wird. Dabei zitiert er die Theorien Maurys und Cuviers, die damals aktueller Stand der Wissenschaft waren. Der Ozeanograph Matthew Fontaine Maury hatte erstmals und anschaulich erklärt, wie der Golfstrom mit einer Kreiselbewegung die driftende Pflanzeninsel an exakt dieser Stelle hält. Vernes Beschreibung einiger Bewohner des schwimmenden Tangwaldes ist sehr anschaulich und lässt vor dem inneren Auge der Lesenden ein buntes, fremdartiges Ökosystem entstehen.

Heute wissen wir: Die Sargassosee ist ein einzigartiges Ökosystem aus Sargassum-Tangen. Diese Braunalgengattung bildet große Tangwälder in warmen Gewässern; zwei Arten leben sogar ausschließlich freischwimmend. Statt einer Verankerung am Meeresboden treiben sie mit Schwimmblasen an der Oberfläche bis in mehrere Meter Tiefe. Diese Tange werden in der Sargassosee durch eine Ringströmung gehalten, wie Maury ganz richtig erkannt hat. Wind- und Wellenbewegungen verweben und verfilzen die ledrigzähen Pflanzen zu großen Flößen. Diese lebende Insel im Ozean bietet wichtige Aufzuchtgebiete für Meeresschildkröten, viele Fischarten und andere Meerestiere. Auch wenn heute niemand mehr befürchtet, dort von Meerespflanzen gefangen zu werden, wie die phönizischen Seefahrer der Antike, bleibt der Zauber eines außergewöhnlichen Ortes bestehen. Allerdings ist dieses Ökosystem heute durch den Klimawandel und die extreme Überdüngung des Amazonas in ihrem Bestand und ihrer Stabilität bedroht (s. Wurche 2018).

Tiefsee

Als Direktor des amerikanischen Marinedepots für Karten und Instrumente erfasste Maury mit der von Brooke erfundenen Lotmaschine erstmals systematisch ein großes Gebiet des Meeresbodens im Nordatlantik. Auf der Basis von nur 200 Lotungen erstellte er 1854 die erste Seekarte des Nordatlantiks zwischen dem 52. nördlichen und dem 10. südlichen Breitengrad mit Höhenlinien in 1.000, 2.000, 3.000 und 4.000 Faden Tiefe. Trotz der nur 200 Messpunkte für ein großes Seegebiet konnte er damit erstmals den steilen Abhang des Kontinentalschelfs und die Erhebung im Mittelatlantik abbilden: Diese Erhebung nannte er nach seinem Vermessungsschiff, der *Dolphin*, Dolphin Rise. 200 Messpunkte sind für einen Ozean zwar recht spärlich, aber diese Messreihe gab erstmals eine Ahnung der zerklüfteten Unterwasserlandschaft mit Gebirgen, Tiefen und Plateaus.

In der Mitte des 19. Jahrhunderts ging man noch selbstverständlich davon aus, dass die Tiefe der Meere dunkel, kalt und somit auch unbelebt sei, auch wenn zum Konzept der Druckzunahme im Meer bis dahin nur Hypothesen und keinerlei experimentelle Erfahrungen existierten. So plante der Botaniker, Zoologe und Geologe Edward Forbes (1815–1854) um 1840, die Grenze zu erforschen, unterhalb derer es im Meer kein Leben mehr geben konnte. Er fischte einen Seestern aus 400 Metern Tiefe und untersuchte noch tiefere Schichten in der Ägäis im Mittelmeer. 1843 erklärte er, dass aufgrund seiner Forschungsergebnisse aus den griechischen Gewässern die Anzahl der Lebewesen mit zunehmender Tiefe abnähme, und leitete daraus ein Rechenmodell ab, dass deshalb unterhalb von 540 Metern im Meer kein Leben mehr existieren könne.

Forbes Hypothese der toten oder azoischen Tiefsee wurde allerdings schnell widerlegt: Durch die Fortschritte in der Telekommunikation wurden in den 1850er-Jahren mehrere unterseeische Telegraphenkabel verlegt. Bei einer Reparatur eines solchen Kabels zwischen Sardinien und der algerischen Küste im Jahr 1860 stellte sich heraus, dass sich auf dem in 3.600 Metern Tiefe liegenden Kabel zahlreiche Lebewesen angesiedelt hatten. In der Tiefe des Meeres existierten also sehr wohl Lebensformen unterschiedlichster Tiergruppen, darunter farbenprächtige Korallen und Seesterne.

Bald wagten sich Forscher in immer größere Tiefen der Ozeane vor, zunächst waren es Expeditionen aus England, Frankreich und Skandinavien, etwas später kamen dann die Vereinigten Staaten, Deutschland und Italien dazu. Der Beginn der modernen Tiefseeforschung war die britische *Challenger*-Expedition von 1872 bis 1876.

Die Forschungsergebnisse der vierjährigen *Challenger*-Reise revolutionierten die Tiefseeforschung und führten zu einer ganzen Reihe weiterer Expeditionen. Bis zu diesem Zeitpunkt war die

Tiefseeforschung auf wenige Fakten und ansonsten auf das Erstellen von Theorien – wie Forbes' azoischer Theorie – beschränkt gewesen; das änderte sich jetzt schnell durch Fakten und Experimente.

Für Vernes großen Roman über die Meere kamen diese Tiefseeentdeckungen leider zu spät. Prof. Aronnax, Conseil, Ned Land und Kapitän Nemo konnten die nur wenig später entdeckte Vielfalt der außergewöhnlichen Geschöpfe der Tiefen noch nicht bewundern.

Allerdings beobachteten die Protagonisten die bis dahin bereits bekannten wenigen Tiefseebewohner: Zunächst kommentiert Aronnax beim Vorstoß der *Nautilus* zum Meeresgrund einige Fische wie einen Grauhai, einen Teleskopfisch mit riesigen Augen und in 12.000 Metern Tiefe einen Granatfisch. Mit Granatfisch dürfte wohl der Granatbarsch oder Orange Roughy gemeint sein, ein lachsroter Tiefseebewohner, der über 70 Zentimeter lang und über 150 Jahre alt werden kann. Der Meeresbiologe fragt dann den Kapitän nach dem Vorkommen von Fischen in noch größeren Tiefen. Nemo erwidert, dass Fische dort sehr selten vorkämen und bittet daraufhin den Biologen, ihm den neuesten Sachstand zu diesem Thema zu erklären:

„Nun, Herr Kapitän, man weiß, dass mit zunehmender Tiefe zuerst das pflanzliche Leben verschwindet und dann das tierische, sodass, wo noch tierische Lebewesen vorkommen, keinerlei Vegetation mehr anzutreffen ist. Es ist beispielsweise bekannt, dass Pilgermuscheln und Austern in Tiefen von bis zu 2.000 Metern vorkommen und dass Mac Clintock, der Held der Polarmeere, einen lebenden Seestern aus 2500 Metern Tiefe gefischt hat. Und die Mannschaft der *Bulldog* von der Royal Navy hat sogar einen aus mehr als 4000 Metern Tiefe aus dem Wasser geholt" (hier und i. F.: Verne 2003, S. 465 ff.).

Da Verne seine Meeresheroen über die damals schon bekannten Tiefen hinausschicken möchte, lässt der Autor seine Figuren

Aronnax und Nemo auf der Basis der bereits vorliegenden wenigen Ergebnisse diskutieren, wie das Leben in noch größeren Tiefen aussehen könnte, und wagt sich schließlich darüber hinaus. Dazu lässt er den Tauchbootkapitän Nemo den Meeresbiologen Aronnax fragen:

„Aber könnten Sie mir erklären, warum ihrer Meinung nach Lebewesen in solchen Tiefen existieren könnten?"

Aronnax antwortet: „Dafür gibt es meines Erachtens zwei Gründe. Zunächst einmal, weil die vertikalen Strömungen, die vom Salzgehalt und der Wasserdichte abhängen, eine Bewegung erzeugen, die hinreicht, um das rudimentäre Leben von Haar- und Seesternen zu erhalten [...]. Zum anderen, weil Sauerstoff die Grundlage allen Lebens bildet."

Die *Nautilus* sinkt weiter, und das Wasser ist offenbar von allem Leben verlassen. Eine Stunde später sind sie schon weit unter 13.000 Metern angekommen und der Meeresgrund ist offenbar noch weit entfernt. Durch Prof. Aronnax' detaillierte Beschreibung, was er dann in 14.000 Metern Tiefe beobachtet, erhält die phantastische Tauchfahrt den Anschein der Authentizität: Erst bei 14.000 Metern Tiefe entdeckt Professor Aronnax schwärzliche Gipfel im Wasser, zudem noch vereinzelte Muschelschalen, Kalkröhrenwürmer und einige Seesterne. Dann verschwinden auch die letzten Tiere aus dem Sichtfeld und unterhalb von 15.000 Metern hat die *Nautilus* dann „die Grenzen jeglicher Meeresfauna passiert".

Als der Professor sein Entzücken über diese Tiefseelandschaft ausdrückt, bietet Nemo ihm an, diesen einzigartigen Anblick photographisch festzuhalten.

„Das Instrument wurde auf den Meeresgrund ausgerichtet, und nach wenigen Sekunden hatten wir ein Negativ von bestechender Schärfe. Der meinen Berichten beigefügte Lichtbildabzug sei an dieser Stelle erläutert. Man sieht darauf die urzeitlichen Felsen, die das Himmelslicht nie gekannt haben, den massiven Granit der Meerestiefe, der die Grundfesten des Erdbodens bildet […]", beschreibt der Professor dann poetisch die Meerestiefe (Verne 2003, S. 465).

Da noch kein Mensch Proben des Tiefseebodens gesehen und analysiert hatte, füllte Verne die wissenschaftliche Lücke auf der Basis des Forschungsstands mit realistisch erscheinenden Vermutungen.

Eines der größten Wunder des Atlantiks, den Mittelatlantischen Rücken, an dem Kontinente zusammenstoßen, konnten Vernes Helden leider noch nicht diskutieren. Diese Entdeckung erbrachte erst die systematische Tiefseeforschung der *Challenger*-Expedition auf ihrer langen Reise und bestätigte damit, dass Maurys submariner Höhenzug Dolphin Rise Teil eines gigantischen Unterwassergebirgszugs ist (s. Kunzig 2002, S. 43). Dann dauerte es noch einmal bis 1952, bis Bruce Heezen und Marie Tharp diesen gigantischen Höhenzug mit seinem Zentralgraben als Grabenbruch beschrieben und damit auch die Anerkennung der Kontinentaldrift bzw. Plattentektonik vorantrieben.

Für Vernes großen Meeresroman kamen die *Challenger*-Expedition und die Kartierungen zu spät. Das Buch wurde zwar mit detaillierten Landkarten der Route der *Nautilus* ausgestattet – die bis auf die nord- und südpolaren Breiten schon recht genau sind –, Meereskarten der ganzen Welt hingegen gab es noch nicht. Und die Route der *Nautilus* führt über Ozeane ohne Tiefenlinien, denn die Landschaften unterhalb des Meeresspiegels waren nahezu Terra incognita. Oder vielmehr Mare incognitum. So führt der Tauchgang der *Nautilus* auch in etwas größere Tiefen, als sie heute messbar sind – statt der von Verne genannten 16.000 Meter sind die meisten Ozeane „nur" 4.000 bis 5.000 Meter tief; selbst die tiefsten Tiefen im südpazifischen Marianengraben erreichen nur knapp 11.000 Meter.

Mit der systematischen Datenerhebung der *HMS-Challenger*-Expedition begann die moderne empirische Tiefseeforschung. Es ist gut möglich, dass Vernes literarische Tauchboot-Expedition den einen oder anderen *Challenger*-Wissenschaftler und viele weitere Forscher, bis in unsere Zeit, inspiriert hatte. Heute vermessen wir den Meeresboden mit akustischen Methoden und mittlerweile sogar per Satellit aus dem Weltall. Dank moderner unbemannter Tauchroboter wie den ROVs (Remotely Operated Vehicles) und Unterwasserdrohnen wissen wir immer mehr über die tiefsten und abgelegensten Winkel der Ozeane.

Heute können wir auf Webseiten wie der des Dr. Robert Ballard Tiefsee-Explorationscorps Nautilus Live (*https://nautiluslive.org*) oder anderen Institutionen die Livestreams von Kameras aus 4.000 Metern Tiefe mitverfolgen, bequem sitzend und mit einer Tasse Tee vor der Nase. Auch die Wissenschaftler:innen sitzen an Bord ihrer Schiffe und kommentieren dort live das Geschehen.

Immer wieder entdecken sie überwältigende neue Funde, neue Tiefsee-Ökosysteme, ungewöhnliche Lebensgemeinschaften und Verhaltensweisen und unerwartete Arten, die das Staunen über diesen Lebensraum in Dunkelheit und unter Druck nie abreißen lassen. Vorwitzige Tiefsee-Oktopusse werden zu Filmstars, glubschäugige Fische glotzen zurück in die Kameralinse und zierliche Korallenäste erschaffen Feenwald-Szenarien. Die echte Tiefseeforschung ist jedenfalls noch genauso spannend wie Vernes Meeresepos.

Verne und die Wissenschaft

„Sie sind der Mann der Träume.
Aber was wäre das Leben,
wenn es keine Träume gäbe!“
Fritjof Nansen an Jules Verne, 30. März 1897

In der Moderne löst die Wissenschaft die Mythologie als Erklärung für außergewöhnliche und unbegreifliche Phänomene ab. Naturerscheinungen wie Blitz und Donner werden nicht mehr mit überirdischen Mächten wie Göttern erklärt, stattdessen erfolgt eine Rationalisierung und zumindest der Versuch einer wissenschaftlichen Erklärung.

Immer wieder greift Verne die Geheimnisse des Meeres auf, seit der Antike sagenumwobene Orte und Beobachtungen. Seine modernen Helden nehmen den staunenden Leser mit zu diesen Orten wie einen Touristen und lassen ihn an ihren Besuchen in Atlantis, der Sargassosee oder dem Südpol teilhaben. Vernes Protagonisten rezitieren die alten Legenden, die bis heute Teil des klassischen Bildungskanons sind, um sie dann im Anschluss wissenschaftlich plausibel zu erklären. Die wissenschaftliche Erklärung führt zwar zur Entmystifizierung der Legende, aber keinesfalls zur Entzauberung. Die ehrfürchtige Annäherung an diese Wunder dürfte sich auch auf die meisten Lesenden übertragen.

Beim Unterwasser-Spaziergang der Protagonisten in Atlantis zeigt sich Vernes geschickter Umgang mit Mythen: Er beschreibt den mythologischen Ort durch ein zwar fiktives, aber archäologisch plausibel erklärtes Atlantis. Er löst also den alten Mythos, den der griechische Gelehrte Platon angeblich aus dem antiken Ägypten mitgebracht hat und in seinen *Kritias*-Dialogen erwähnt, durch einen neuen, wissenschaftlich begründeten Ersatzmythos (s. Junkerjürgen 2018, S. 111).

Sein Atlantis verortet Verne im offenen Atlantik, nahe der Sargassosee. Die Unterwasserarchäologie steckte damals noch in den Kinderschuhen und es sollte auch noch einige Jahrzehnte bis zu Alfred Wegeners Theorie der Plattentektonik dauern, darum war dieser Platz für die im Meer versunkene antike Stadt Teil der wissenschaftlichen und pseudowissenschaftlichen Diskussion. Seit der

Beschreibung des Mittelatlantischen Rückens und seiner Gesteine wissen wir mittlerweile, dass gerade an dieser Stelle kein versunkener Kontinent und nicht einmal eine versunkene Stadt liegen können. Wird doch durch das Seafloor Spreading, also das stetige Aufsteigen von Magma zwischen der Nordamerikanischen und der Eurasischen Kontinentalplatte, stetig neue Erdkruste gebildet und der Atlantik verbreitert.

Vernes Romane aus der Reihe der *Außergewöhnlichen Reisen* sind berühmt für die phantastischen Inszenierungen von Wissenschaft und Technik sowie den unbedingten Fortschrittsglauben. In den Reisen unter dem Meer, zum Mond, im Ballon, durch die Lüfte oder auf noch fast unentdeckte Kontinente zelebrieren seine Helden den Anbruch der Moderne. Sie führen moderne Technologien vor, meistern mit ihrer Kenntnis der Wissenschaften und Technik phantastische Abenteuer und beherrschen damit die Welt.

Interessant ist in diesem Kontext, dass vor allem viele wirbellose Tiere des Meeres nach Vorbildern der Antike benannt sind – Schlangensterne sind Gorgonenhäupter und Schirmquallen Medusen. Ihre Ähnlichkeiten mit der Gorgo Medusa, der Halbgöttin mit der Schlangenfrisur, sind offensichtlich. Die Seespinne heißt *Maja* und die Venusmuschel ist nach der Göttin der Schönheit benannt. Allerdings ist nach der gleichen Göttin Aphrodite auch ein kurzer Meereswurm mit schillernden langen Borsten benannt, der deutsche Name Seemaus ist sicherlich zutreffender. Eine andere Meeresringelwurm-Gattung mit starken Kiefern und bernsteinfarbenen Augen heißt *Nereis*. Dabei wecken diese räuberischen wendigen Jäger eher Assoziationen mit antiken Rachegöttinnen oder Jägerinnen als mit den liebreizenden Töchtern des Meeresgottes.

Der Grund für diese Benennungen ist die Einführung der binären Nomenklatur durch den „Vater der Taxonomie“ Carl von Linné.

Der schwedische Botaniker der Universität Uppsala war einer der Ersten, der konsequent diese systematische Benennung der Pflanzen und Tiere angewendet hat: Der Name jeder Art setzt sich aus zwei Teilen zusammen, dem Gattungsnamen (Gattung), einem Substantiv und dem dahinterstehenden artspezifischen Beiwort, meist einem Adjektiv. Artnamen werden immer kursiv geschrieben.

Als von Linné die ihm bekannten Pflanzen und Tiere nach dieser Nomenklatur benannte und damit sortierte, war er dringend auf der Suche nach Namen – die fand er u. a. in den antiken Sagen. Sein Name als Wissenschaftler war die latinisierte Form Linnaeus. Bis heute steht sein Name hinter Pflanzen und Tieren, die er erstmals wissenschaftlich beschrieben hat. Sein offizielles botanisches Autorenkürzel lautet „L.", in der Zoologie werden die Autorennamen „Linnaeus", „Linné" und „Linnæus" genutzt.

Umstritten ist, wie Verne persönlich zur Wissenschaft stand. Meist wird er als „von Wissenschaft begeistert" beschrieben. Der Verne-Biograph Volker Dehs kommt in seiner umfassenden Biographie (2005) allerdings zu einem weniger eindeutigen Bild des beliebten und berühmten französischen Schriftstellers.

Verne automatisch Wissenschaftsbegeisterung und exzellente Kenntnisse derselben zu unterstellen, weil er darüber schreibt, greife zu kurz, so Dehs. Gerade die Inhalte und Zielrichtungen der *Voyages extraordinaires* seien vom Konzept her so mit Hetzel verabredet gewesen – Verne sollte jeweils einen Themenbereich sowohl erzählerisch als auch wissenschaftlich und technisch auf dem neuesten Stand erzählen, Hetzel gab die Themen vor. Vernes Fokus lag dabei auf der damals boomenden Geographie, wofür sich Reiseabenteuer ja anboten.

Allerdings hatte Verne sich dafür auch tief in die jeweils geforderten Inhalte eingearbeitet und sie als lexikalische Abschnitte in die Romane eingefügt; seine Protagonisten geben dieses Wissen wieder.

Aufgrund seiner streng katholischen Erziehung dürfte Verne zumindest mit solch revolutionärem Gedankengut wie Darwins Evolutionstheorien einige Probleme gehabt haben. Hetzel als Republikaner hatte solche Hemmungen sicherlich weniger.

Die Protagonisten vertraten daher nicht zwangsläufig die Meinung des Autors, sondern dienten vielmehr schablonenhaft dazu, wissenschaftliche Theorien vorzustellen und vor dem Leser im Streitgespräch zu erörtern. Die *Reise zum Mittelpunkt der Erde* bildet die damalige Vorstellung von Geologie und Mineralogie ab – Prof. Lidenbrock und sein Neffe stellen den damaligen Lernstoff der Geologie und Mineralogie vor. Lidenbrock spricht für die Theorie des erkalteten Erdinnern, sein Neffe vertritt die Theorie vom heißflüssigen Erdkern. Ob der Autor selbst an die vom Biologieprofessor Lidenbrock vertretenen Thesen glaubte, ist nicht erkennbar und für die Geschichte auch unerheblich.

In *20.000 Meilen unter den Meeren* ging es um die Erforschung der Ozeane; auch dort bilden die Protagonisten unterschiedliche Aspekte des Wissens, Wissenserwerbs und des Umgangs damit ab.

Prof. Pierre Aronnax ist als Professor der Naturgeschichte ein Gelehrter, der auf hohem Niveau eine wissenschaftliche Auseinandersetzung mit seinem Gegenspieler Kapitän Nemo ausfechten kann. Außerdem sammelt er neues Wissen und reflektiert seine Kenntnisse und Beobachtungen. Der Ich-Erzähler Aronnax nutzt diese ungewöhnliche Reise zur Befriedigung seiner Wissbegier und lässt sich nebenbei auch von ihren ästhetischen Reizen beeindrucken. In seiner Begeisterung verliert er seine kritische Distanz zu dem geheimnisvollen Kapitän Nemo.

Der Anspruch einer wissenschaftlichen Auseinandersetzung wird durch die Diskussionen zwischen Nemo und Aronnax vertreten – beide belegen ihre Behauptungen und zitieren dazu die

Fachliteratur. Aronnax entdeckt in Nemos Bibliothek alle einschlägigen Autoren, drückt seine Bewunderung dafür aus und hebt dadurch Nemo auf seine akademische Ebene

Conseil hingegen beschränkt sich auf die Wiedergabe der systematischen Kategorisierung der Lebewesen und rekapituliert nur auswendig Gelerntes. „Klassifizieren war sein Leben, auf mehr verstand er sich nicht", sagt der Professor ziemlich abwertend über seinen Assistenten. Dabei wirkt Conseil wie die Karikatur eines Gelehrten, was Verne offenbar auch so beabsichtigt hatte. Conseils Gegenüber bei diesen Gesprächen ist der pragmatische Ned Land, der Meerestiere lediglich danach beurteilt, ob und wie zubereitet sie essbar sind.

Prof. Aronnax bezeichnet die Meeresfauna als das „Werk des Schöpfers": „Ein Schauspiel löste das andere ab, unablässig wurden Szenen und Dekor gewechselt, damit wir, als geladene Gäste, das Werk des Schöpfers bestaunen und in die Geheimnisse des Ozeans vordringen konnten" (Verne 2003, S. 209).

Da der professorale Ich-Erzähler an anderer Stelle darüber doziert, wie sich auf der Erde die Meere und die Kontinente bilden und zu den heutigen Festlandmassen zusammenfügen (s. Verne 2003, S. 150), war der „Schöpfer" vermutlich nur metaphorisch gemeint.

Auch Verne hatte von der revolutionären Evolutionstheorie gehört, die Begeisterung und Proteststürme gleichermaßen hervorrief, sowohl in der Fachwelt als auch in der Öffentlichkeit. Vernes Roman-Gelehrte hatten sich zwar von der biblischen Schöpfungsgeschichte der Erschaffung der Welt in sieben Tagen gelöst. Allerdings vertraten sie nicht Darwins neumodische Theorien von der Entstehung und Veränderlichkeit der Arten sowie ihrem Aussterben, sondern dozierten über die Erdzeitalter eher im Stil Lamarcks.

Der französische Botaniker, Zoologe und Entwicklungsbiologe Jean-Baptiste de Lamarck (1744–1829) hatte zur Evolution die

Theorie des Gradualismus entwickelt – die langsame und stetige Weiterentwicklung statt der sprunghaften Veränderung. Allerdings ging er davon aus, dass Verhaltensveränderungen letztendlich zu einer äußeren Veränderung geführt haben. Das bekannteste Beispiel ist Lamarcks Giraffe: Giraffen haben lange Hälse entwickelt, weil sie beim Äsen in Baumkronen die Hälse besonders weit nach oben gereckt haben, so seine Hypothese. Darwins Theorien dürften für den im katholischen Glauben erzogenen Schriftsteller Verne zu revolutionär gewesen sein.

Den Umbruch in der Meeresforschung und der Biologie von der eher qualitativ-deskriptiven, naturkundlichen und anschaulichen Methodik zur moderneren quantitativen, eher abstrakten Naturwissenschaft vollzieht Verne in manchen Bemerkungen seiner Protagonisten und ihrer technischen Ausstattung. Den größten Teil der Schilderungen nehmen aber wortgewaltige und poetische Schilderungen der Organismen und Landschaften ein, so lebendig, dass seine Leser sie förmlich erleben können.

AUßERGEWÖHNLICHE REISEN – VOYAGES EXTRAORDINAIRES

Hetzel und Verne hatten für ihren Erfolg ein festes Rahmenkonzept entwickelt, in das Vernes Ideen weitgehend nach Hetzels Vorgaben eingefügt wurden. Die Romane sollten sich an Jugendliche richten, aber auch Erwachsenen Spaß bereiten – das erweiterte den Kundenkreis beträchtlich. Diese „Doppeltadressiertheit" war damals ein brandneues Konzept der Literatur (s. Junkerjürgen 2018, S. 94).

Außerdem mussten die Geschichten unbedingt zum einen lehrreich und zum anderen auch unterhaltsam sein, was zu dieser Zeit von noch keinem französischen Autor bedient wurde und somit eine echte Marktlücke war. Hetzel hatte in diesem Marktsegment viel Erfahrung, waren doch in seinem Sortiment die französischen Erstübersetzungen von Robert Louis Stevensons *Die Schatzinsel* und Rider Haggards *König Salomons Schatzkammer* erschienen, außerdem gab er einige Zeitschriften für Jugendliche heraus (s. Junkerjürgen 2018, S. 53). Er war sowohl über den schulischen Bildungskanon und den Bedarf nach guten Schulbüchern als auch über die Produkte dieses Marktes gut informiert und konnte dadurch seine Textprojekte zielgruppengerecht konzipieren

Hetzel dachte als Verleger strategisch, darum forcierte er die Buchreihe. Solche Buchreihen dienen der Markenbildung (s. Junkerjürgen 2018, S. 86), sie haben Vorteile für die Beständigkeit einer Leserschaft und die damit verbundenen Einnahmen. Die einzelnen Bände bewerben sich gegenseitig und zugleich regen Reihen immer die Sammelleidenschaft an. Außerdem kann eine Reihe mit einem übergeordneten Motto das Profil eines Verlags, des Verlegers und der Autoren schärfen.

Bücher einer Reihe müssen äußerlich und inhaltlich Ähnlichkeiten haben, die einzelnen Publikationen sollten in definiertem Rhythmus zuverlässig erscheinen und auch die einmal geweckten Erwartungen der Leserschaft immer wieder erfüllen.

Diese Reihe erweckte bereits durch ihre äußere Aufmachung die Begehrlichkeit der Bibliophilen: Ein farbig bedruckter Buchdeckel mit Goldornamenten kündigte einen literarischen Schatz an. Ein solcher industriell produzierter Verlagseinband bestand aus mit Stoff – meist dem Baumwollgewebe Perkalin – bezogenem stabilen Karton. Dann ließ Hetzel für Vernes Buchreihe spezielle Designs entwickeln, die die Reisevehikel dieser Reisen abbildeten: Schiffe, Ballons, Elefanten und Eisenbahnen.

Hetzel hatte hohe Ansprüche, darum wählte er seine Autoren sorgfältig aus und achtete penibel auf die Einhaltung des von ihm vorgegeben Rahmens. Außerdem hatte er für den Startschuss der geplanten Reihe ein Vorwort geschrieben – sein Manifest, wie Junkerjürgen (2018, S. 86) es bezeichnet: „Die hervorragenden Bücher von Herrn Jules Verne gehören zur kleinen Anzahl derjenigen, die man den künftigen Generationen guten Gewissens anbieten kann. [...] Was so oft versprochen und so selten gehalten wurde – Bildung, die unterhält, Unterhaltung, die bildet –, Herr Verne schüttet es großzügig mit vollen Händen auf jeder Seite seiner packenden Erzählungen aus. [...] Die erschienenen und noch erscheinenden Werke werden somit in ihrer Gesamtheit das Ziel erreichen, das sich der Verfasser gesetzt hat, als er seinem Werk den Untertitel *Reisen in die bekannten und unbekannten Welten* gab. In der Tat hat er sich vorgenommen, alle *geografischen, geologischen, physikalischen, astronomischen* Kenntnisse, welche die moderne Wissenschaft angehäuft hat, zusammenzufassen und in der ihm eigenen anziehenden und malerischen Art die Geschichte des Universums neu zu schreiben."

Die *Voyages extraordinaires* waren ein enzyklopädisches Projekt, das nichts weniger als die ganze Welt in Romanform abbilden sollte. Ein sorgfältig geplantes und strategisch konzipiertes Vorhaben als Abenteuerromane für – überwiegend männliche – Kinder und Erwachsene: Spannung, Aufregung, Identifikation, ein gutes Ende, keine

Brutalitäten, nicht zu düstere Charaktere sowie die überwiegende Abwesenheit von Frauen und starken Emotionen. Das alles war eingebunden in aktuelle Forschungsergebnisse und angereichert mit vielen Fakten aus Geographie, Biologie, Physik und Technik. So lauteten Hetzels Anforderungen – diese Bücher sollten den Lesenden gefallen und den erwachsenen Käufern einen edukativen und moralischen Wert garantieren.

Die obere Ebene war eine schillernde Sammlung von geographischen, technischen, und naturkundlichen Details und präsentierte sich den Lesenden wie zum Leben erweckte Exponate in den gläsernen Vitrinen eines Universalmuseums. Die dazu passenden Illustrationen unterstreichen die Bildhaftigkeit dieser Themen. Die darunterliegende Ebene bildete moderne Helden ab: Vernes Charaktere dachten und planten auf wissenschaftlicher Grundlage. Sie waren als Vorbilder für die gebildeten Bürger der Moderne angelegt (s. Junkerjürgen 2018, S. 8).

An der Schwelle zur Moderne wollte Hetzel in einer sich schnell verändernden Welt besorgten Eltern anbieten, ihre Sprösslinge mit dem entsprechenden modernen Know-how vertraut zu machen.

Aufgrund dieser hohen Ansprüche und umfangreichen Vorgaben folgten die Romane einer Dramaturgie, in der sich Action und Wissensvermittlung abwechselten. Für die Erstpublikation in den Zeitschriften waren Cliffhanger am Ende jedes Kapitels wichtig, schließlich sollten die Lesenden unbedingt auch die nächste Ausgabe kaufen, um zu erfahren, wie es weitergeht. Dafür musste sich die Spannung über einen das ganze Werk umfassenden Spannungsbogen kontinuierlich weiter zuspitzen, um dann am Ende in einem großen Finale die Helden wohlbehalten aus dem gewaltigen Abenteuer hervorgehen zu lassen.

1866 erschien der erste Band der Reihe, geschrieben von Verne: *Die Reisen und Abenteuer des Kapitän Hatteras.*

Der Aufbau von *20.000 Meilen unter den Meeren* folgt dieser charakteristischen literarischen Choreographie: Der Spannungsbogen baut sich erst einmal auf, bis die drei Helden an Bord der *Nautilus* gehen. Dann kommt die für Abenteuerromane so typische Abwechslung aus außergewöhnlichen Erlebnissen – Tauchgang, Angriffe und Kämpfe mit Haien, Kraken und Eingeborenen, langwierige wissensvermittelnde Dialoge und Monologe über Tierwelt, Ozean und Technik der *Nautilus.*

Für manche heutigen Lesenden, die erstens viele dieser Informationen bereits kennen und zweitens heutzutage ein ganz anderes Erzähltempo gewohnt sind, hat *20.000 Meilen unter den Meeren* streckenweise erhebliche Hänger. In Vernes Zeit aber waren solch bildhaft geschriebene Reiseberichte hochgradig abenteuerlich und rasant. Diese neue Romanform mit ihren modernen Helden vermittelte höchst aktuelle Inhalte, die eben noch gar nicht so selbstverständlich waren wie heute.

So breitet Verne in seiner fiktiven Meeresexpedition ein Meereskunde-Panorama aus, das alle damals bekannten und manche vermuteten Orte und Aspekte umfasste und abarbeitete: Die seit der Antike mythenumwobene Sargassosee (s. Verne 2018, S. 457) kommt genauso vor wie das sagenhafte Atlantis. Der Bau des Suezkanals ist ebenso ein Thema wie die Polarforschung, waren damals doch die Pole noch wenig bekannt.

Hetzels strategische Planung und sein verlegerischer Instinkt stellten sich als Erfolg heraus: Vernes *20.000 Meilen unter den Meeren* war einer der frühen Bände dieser Reihe, die sich als Verkaufsschlager und Zugpferd für Hetzels Verlag etablierte. Die größten Erfolge hatte die Reihe in den 1870er-Jahren, sie lief allerdings beständig weiter bis 1914, auch noch nach Hetzels Tod 1886.

Verne und das Meer

Das Meer war ein besonderes Anliegen für den Bootsbesitzer und Autor Jules Verne, doch den letzten Anstoß zu dem Roman gab möglicherweise seine Schriftstellerkollegin George Sand. Sie hatte sich in einem Brief vom 25. Juli 1865 bei ihm dafür bedankt, dass „seine Romane ihr in schweren Stunden eine wohltuende Ablenkung" geschenkt hätten. Dann fügte sie hinzu: „Ich hoffe, Sie werden uns bald in die Tiefe der Meere führen und ihre Figuren in jenen Tauchapparaten reisen lassen, die Ihr Wissen und Ihre Fantasie wohl vollkommen darstellen können" (Dehs 2005, S. 176).

Dass eine Schriftstellerin ihren Autorenkollegen bat, ihr mit einem Roman ein komplexes Thema angenehm lesbar aufzubereiten, ist ein großes Kompliment. Es zeigt ihre Wertschätzung für Vernes umfassende und akribische Aufbereitung von Sachthemen im Sinne einer gut machten Wissenskommunikation.

Ein Jahr später, im August 1866, erwähnte Verne nämlich gegenüber Hetzel ein submarines Buchprojekt. Für die *Reise unter den Wassern* – so der Arbeitstitel des Projekts – holte er die Expertise seines Bruders Paul ein, der eine seemännische Ausbildung und einige Jahre als Marineoffizier gedient hatte.

Von März bis April 1867 schifften sich die beiden Brüder dann für eine Atlantiküberquerung auf dem legendären Passagierschiff der Superlative, der *Great Eastern* ein. Der 1857 vom Stapel gelaufene Segeldampfer war mit 211 Metern Länge bis 1901 das größte Schiff der Welt. Der stählerne Rumpf wurde angetrieben von einer Kombination aus zwei seitlichen Schaufelrädern, einer Schraube am Heck und sechs Masten mit Segeln.

Die *Leviathan* – so der ursprüngliche Name des Schiffes – bot dem zahlungskräftigen Publikum jeglichen Luxus, war aber vom Unglück verfolgt: Beim Bau ging der Konstrukteur bankrott, beim Stapellauf kam durch das Brechen einer Kette ein Arbeiter ums Leben, und das Schiff wurde mit Wasser statt mit Champagner getauft. Der Stapellauf misslang, der Stahlkoloss bewegte sich kaum, nach mehreren weiteren missglückten Versuchen erreichte das Schiff erst Wochen später mit der Flut und technischer Hilfe das Wasser, aber auch dann gab es weitere Unfälle. Mittlerweile galt der topmoderne Segeldampfer als Unglücksschiff, der Name *Leviathan* – einem biblischen Seeungeheuer entliehen – sollte das Unglück anziehen. Darum wurde das Schiff umbenannt in *Great Eastern.*

Aber der teure und riesige Luxusdampfer rentierte sich nicht, es gab offenbar keinen Bedarf für so viele Plätze. Nach weiteren Unglücken wie dem Tod des Ingenieurs und einer Dampfkessel-Explosion mit mehreren Toten, dem Abriss der Schaufelräder und dem Auflaufen auf ein unkartiertes Riff wurde das Schiff aus dem Passagierverkehr genommen. Dann wurde die *Great Eastern* umgebaut für ihren letzten großen Auftrag: Sie war das einzige Schiff, das groß genug war, das 4.200 Kilometer lange Telegraphenkabel für die Transatlantikverbindung aufzunehmen.

Jules und Paul Verne ließen sich von den Unglücksfällen allerdings nicht beeindrucken und genossen ihre Atlantiküberquerung, solange der Dampfer der Superlative noch Passagiere beförderte. Im Zielhafen New York angekommen, reisten die beiden Brüder nur noch zu den Niagarafällen und schipperten dann gleich wieder zurück über den Atlantik – ebenfalls mit der *Great Eastern* und ohne Zwischenfälle. Fasziniert verfolgte Verne das Treiben auf dem stählernen Koloss und beobachtete den Mikrokosmos mit seinen Abläufen und Eigenheiten, den Passagieren und der Mannschaft, der Arbeit und dem Vergnügen.

Diese Seereise und der kurze US-Aufenthalt brachten ihm gleich eine ganze Reihe von Ideen und Informationen, die er später in mehreren Romanen verarbeitete – in *Eine schwimmende Stadt* (1871) und *Die Propellerinsel* (1895) sowie das Leben auf einem Schiff für *20.000 Meilen unter den Meeren* und die Figur des Ned Land.

Wieder zurück in Frankreich bot sich dem ozeanverliebten Autor eine weitere besonders wichtige Inspirationsquelle: die Pariser Weltausstellung 1867. Eines der Highlights dieses Spektakels waren die großen Rundbauten der beiden Aquarien – eines für die Süßwasserbewohner und eines für Salzwasserwesen. Neben dieser Unterwasserwelt, die Verne mehrfach besuchte, regten auch andere Installationen, Exponate und Begegnungen den Autor an und landeten als Notizen in seinen Zettelkästen.

Hetzel war von Vernes Idee des Unterwasser-Romans und der Ausarbeitung so begeistert, dass er noch einen weiteren Band davon ordern wollte – aber das lehnte der Autor ab. Außerdem diskutierten die beiden vehement über die Figur des geheimnisvollen Kapitän Nemo. Hetzel schlug vor, Nemo als Kämpfer gegen den Sklavenhandel zu charakterisieren, das hätte seine Abwendung von den großen Nationen schlüssig erklärt. Verne lehnte das ab, denn der Sklavenhandel war ja schon längst abgeschafft und läge in der Vergangenheit, die Technologie der *Nautilus* und das vermittelte Wissen hingegen seien höchst aktuell. Außerdem wollte Verne Nemos Nationalität lieber ein Geheimnis bleiben lassen. Eine gute Entscheidung, denn genau diese Geheimnisse machen die Figur des Kapitäns so zeitlos und lassen ihn bis heute geheimnisumwittert sein (s. Junkerjürgen 2018, S. 101).

Auch den Titel diskutierten die beiden Literaturschaffenden: *20.000 Meilen unter den Meeren*. Die „20.000 Meilen" beziehen sich nicht etwa auf die Tauchtiefe, sondern vielmehr auf die Strecke, die die Helden auf der *Nautilus* zurücklegen. Das französische Wort *lieue* des Originaltitels bezeichnet die *lieue nouvelle*, also die neue Meile, die 4 Kilometern entspricht. 20.000 Meilen entsprechen 80.000 Kilometern, das ergibt das Doppelte des Erdumfangs (s. Junkerjürgen 2018, S. 101).

Dieser Meeresroman war für Verne nicht nur ein weiterer Band in einer erfolgreichen Reihe, sondern ein besonderes, persönliches Anliegen. Schließlich war der Junge aus der Bretagne vom Meer mit seinen tiefgründigen Geheimnissen und exotischen Verlockungen schon seit der Kindheit fasziniert. Als Erwachsener hatte er lange Informationen gesammelt und konnte auch noch persönliche Geschichten beisteuern, wie etwa die Reise auf der *Great Eastern*.

Im Frühling 1868 kaufte der mittlerweile erfolgreiche Autor – seine Bücherreihe für Hetzel war gut angelaufen und versprach auch für die Zukunft ein gesichertes Einkommen – nach dem Umzug mit seiner Familie nach Le Crotoy sein erstes Segelboot, die *Saint Michel*. Entlang der Küste unternahm er mit einer kleinen Besatzung gleich die erste kleine Bootstour. Ansonsten diente ihm sein vor Anker liegendes Segelboot als schwimmendes Arbeitszimmer. Fern von der Familie und den Störungen des städtischen Familienalltags konnte er dort ganz ungestört schreiben und verfasste in der Abgeschiedenheit dieses besonderen Ambientes den größten Teil von *20.000 Meilen unter den Meeren*.

Im Dezember 1868 übergab der Schriftsteller das Manuskript *Vingt mille lieues sous les mers* seinem Verleger. Hetzel war absolut begeistert, hatte ihm sein Erfolgsautor doch etwas noch nie Dagewesenes geliefert. 1869 und 1870 erschien der neue Verne-Roman in zwei

Bänden – Publikum und Kritiker waren ebenso enthusiastisch und die erste Auflage nach wenigen Tagen vergriffen.

Der Ausbruch des Deutsch-Französischen Krieges im Juli 1870 verhinderte das Erscheinen der illustrierten Ausgabe. Jules Verne kam glimpflich davon, er musste mit seiner *Saint Michel* die Küste von Le Crotoy bewachen, seine Ehefrau war mit den Kindern nach Amiens gezogen. Die Stadt wurde von preußischen Truppen besetzt und die Vernes mussten vier Soldaten beherbergen – glücklicherweise „sanfte und ruhige Leute", wie der Schriftsteller seinen Eltern per Brief versicherte. Hetzel in Paris traf es dagegen wesentlich härter, denn die Stadt wurde von feindlichen Truppen eingeschlossen. Sein Sohn und fünf seiner Angestellten wurden zum Militärdienst eingezogen, sodass die Arbeit im Verlag ruhen musste. Schließlich gingen die Vorräte in der Stadt zur Neige und die Pariser mussten zunächst ihre Haus- und Zootiere verspeisen und danach hungern (s. Dehs 2005, S. 185).

Tauchboote und andere extraordinäre Vehikel

Der technische Fortschritt hatte auch gewaltige Auswirkungen auf die Mobilität. Die Fortbewegung in immer höherer Geschwindigkeit und mit zunehmender Reichweite hatte im 19. Jahrhundert eine hohe Bedeutung, was sich auch in Vernes Romanen abbildete.

Der Fuhrpark von Vernes abenteuerlustigen Gentlemen war genauso extraordinär wie ihre Reiseziele. Zu Lande, zu Wasser und in der Luft reiste man in neumodischen Vehikeln mit Rollen, Rädern, Flossen oder Flügeln, mit Auftriebskörpern, Propellern oder in Projektilen. Angetrieben von Elektrizität oder auch mal von Explosivstoffen – Letzteres im Projektil-Raumschiff der Reise zum Mond. Dieses Mondschiff ist sicherlich eines der weniger glaubwürdigen Vehikel im Verne'schen Fuhrpark. Eine mit Propellern angetriebene

Insel ist das größte Lokomotionsprojekt und der Stahlelefant sicherlich mit das originellste.

Diese Vehikel basieren zwar auf der Basis damals bereits erfundener Technologien, werden von Verne aber höchst innovativ aus technischen Versatzstücken zusammengebaut.

Im Innern der Vehikel reisen die Gentlemen dann komfortabel. Die bequeme, nützliche und angemessene Innenausstattung der Transportmittel ist möglicherweise das Phantasievollste an Vernes Romanen: Die Ausstattungen von Tauchboot, Mondrakete oder Luftschiff sind an exklusive Klubs angelehnt und raffiniert ausgestaltet, damit sich die Herren von ihren Abenteuern zumindest ab und an auch ausruhen oder zu klugen Gesprächen zurückziehen können (s. Unwin 2005, S. 49).

Vernes Tauchboot-Idee war gar nicht so neu: Seit der Antike gab es immer wieder Konstruktionsversuche; einer der ersten zumindest bedingt tauchtauglichen war Fultons Entwurf. 1801 hatte der US-amerikanische Ingenieur Robert Fulton sein 6,5 Meter langes und 2 Meter breites U-Boot *Nautilus* für eine Besatzung von vier Mann konstruiert. Dabei trieben zwei Mann über eine Kurbel den Heckpropeller an und bei der Überwasserfahrt konnte über das Turmluk ein zusammenklappbares Segel an einem einklappbaren Mast entfaltet werden. Die Aufnahme von vier bis fünf Litern Wasserballast reichten Fultons *Nautilus* zum Abtauchen.

Dieses U-Boot sollte militärisch genutzt werden; keine nichtstaatliche Stelle und kein geringerer Grund als die nationale Sicherheit hätten ein solches Projekt rechtfertigen können. Fulton wollte für die französische Marine unbemerkt Sprengladungen an den feindlichen englischen Schiffen anbringen. Versuchsfahrten waren erfolgreich, das Sprengen der übungsweise angegriffenen Schiffe funktionierte. Allerdings blieben diese Experimente der englischen Flotte nicht verborgen, waren doch die Kapitäne der Blockadeschiffe dank ihrer Spione immer bestens informiert über die Bewegungen von Fultons Geheimwaffe. Darum segelten die englischen Schiffe der lahmen *Nautilus* einfach davon. Bald stellte die französische Marine die Finanzierung der schwimmenden Geheimwaffe aufgrund ausbleibenden Erfolgs wieder ein. Fulton verließ frustriert Europa und kehrte zurück in die USA – dort konstruierte und betrieb er erfolgreich Dampfschiffe (s. Hennig 2007). Aber nur noch über Wasser.

Einige Jahrzehnte vergingen, bis ein anderer Tüftler die Idee der U-Boote wieder aufgriff. 1858 erprobte der französische Ingenieur Jacques-François Conseil sein drei Tonnen schweres kleines Tauchboot im Hafen von Le Tréport an der Normandieküste. Das zigarrenförmige Gefährt wurde von einem Propeller angetrieben und hatte vier Flossen als Tiefenruder. 1863 publizierte Conseil dazu die Broschüre *Bateau de sauvetage, dit „Pilote“*. Er und Verne waren miteinander bekannt (s. Compere 2000, S. 42); Verne benannte Prof. Aronnax' Diener nach ihm.

Auf der Weltausstellung 1867 präsentierte die französische Marine stolz ein Modell ihres neuesten Schiffs: ein Unterwasserschiff namens *Le Plongeur*. 1863 vom Stapel gelaufen, war es das erste einsatzfähige U-Boot der Welt. Mit derartigen U-Booten wollten die Franzosen die britische Seeherrschaft brechen.

Die *Plongeur* hatte zwölf Mann Besatzung, eine Länge von 43 Metern und einen Druckluftantrieb. 1863 fand die erste Testfahrt statt. Die Drucklufttanks nahmen den größten Teil des Bootes ein und schafften eine Geschwindigkeit von bis zu 4 Knoten (7,5 Stundenkilometer) und eine Reichweite von 5 Nautischen Meilen (9 Kilometer). Mit der Druckluft wurden auch die 53 großen Ballasttanks ausgeblasen. Bewaffnet war die neue französische Geheimwaffe mit einem Spierentorpedo – über eine lange Stange konnte so eine Sprengladung an gegnerischen Schiffen befestigt werden.

Dieses U-Boot wurde im US-amerikanischen Sezessionskrieg erprobt. Allerdings war die technische Umsetzung so unausgereift, dass die *Plongeur* für ihre Besatzung fast genauso gefährlich war wie für die angegriffenen Schiffe. Ein weiterer schwacher Punkt war ihre sehr geringe Reichweite: Das wackere Unterseeboot benötigte ein dampfbetriebenes Begleitschiff, das das U-Boot mit Druckluft versorgte und ins Operationsgebiet schleppte. In einem Kriegsgebiet war das ein ganz erheblicher strategischer Nachteil. Aufgrund der technischen Unausgereiftheit blieb es bei Testfahrten; die vermeintliche Geheimwaffe kam niemals wirklich erfolgreich zum Einsatz und wurde bereits 1872 wieder außer Dienst gestellt. Danach wurde sie noch eine Weile als Tankschiff genutzt, 1935 endgültig außer Dienst gestellt und 1937 verschrottet (s. Patrick 2016) – was bedauerlich ist, da das vertrackte französische U-Boot auch als Wrack eine phantastische Hülle für ein außergewöhnliches Jules-Verne-Museum abgegeben hätte.

Verne ist allerdings der Erste, der das Potenzial der neuen Unterwasserschiffe auch für den wissenschaftlichen Bereich beschrieben hat. Bis zu diesem Zeitpunkt waren die Tauchboote noch im Experimentierstadium, zu teuer, zu kompliziert in der Handhabung, nicht ungefährlich und vor allem wenig komfortabel. Mit Tauchfähigkeit, aber nur für kurze Strecken und mit kleinem Aktionsradius.

Es brauchte einen Jules Verne mit seinem genialen Kapitän Nemo, um daraus ein zuverlässiges Vehikel voller technischer Gimmicks zu konstruieren, zu bauen und auszustatten sowie zu betreiben. Außerdem bedurfte es Vernes finanzieller Unabhängigkeit und Ressourcen.

Die Sekundärliteratur zu Jules Verne beschäftigt sich ausführlich mit seinen Vehikeln, lobt deren innovativen Charakter und ihre utopische Weiterentwicklung. In *20.000 Meilen unter den Meeren* steht das U-Boot *Nautilus* im Fokus des Verne'schen Fuhrparks. Dabei wird meistens übersehen, dass auch die im Roman zu Anfang vorgestellte Dampffregatte *Abraham Lincoln* bereits ein nautisches Highlight ist.

1866 war eine Dampffregatte das Nonplusultra der Marine und der Schrecken der Meere. Die französische *La Gloire* („Der Ruhm") war das welterste hochseetaugliche Panzerschiff, sie hatte allerdings noch einen hölzernen Rumpf (s. Wikipedia: La Gloire).

Die französische Marine hatte als Lehre aus dem Krimkrieg beschlossen, ihre Kriegsschiffe besser gegen Granatbeschuss zu schützen, was unter den hölzernen Kriegsschiffen entsetzliche Verluste gefordert hatte. So hatte der französische Schiffsbauingenieur Henri Dupuy de Lôme der französischen Regierung einen Entwurf für ein Schiff mit einem eisernen Rumpf eingereicht, was die Regierung als zu innovativ ablehnte. Erst als er eine Kompositbauweise vorlegte, bei der Kiel und Spanten aus Eisen und die Planken aus Holz mit einer eisernen Panzerung überzogen waren, stimmte die Regierung dem Bau zu. Dieses Schiff war ein Wendepunkt im französischen Kriegsschiffbau.

La Gloire war, wie die *Plongeur*, mit einem Spierentorpedo bewaffnet, einer Art Proto-Torpedo. „Der Spierentorpedo bestand aus einer Sprengladung an der Spitze einer langen Spiere meist von etwa 20 bis 25 Fuß Länge (6,09–7,62 Meter), die am Bug oder der Seite eines Bootes befestigt [...] waren. Das Torpedoboot musste den Torpedo in die Seite des gegnerischen Schiffes rammen. Widerhaken an der Spitze sollten die Sprengladung am feindlichen, (hölzernen) Schiffskörper so lange festhalten, bis die Zündung von der Besatzung des sich zurückziehenden Torpedoboots ausgelöst wurde“ (Wikipedia: Spierentorpedo). Dabei diente eine Leine als Fernzünder.

Die Antwort der Royal Navy auf den kühnen Entwurf der Franzosen ließ nicht lange auf sich warten – die Navy baute ihre eigene Dampffregatte, die dann allerdings auch gleich noch das erste Panzerschiff mit einem vollständig eisernen Rumpf wurde. Bei ihrer Fertigstellung 1861 war die *HMS Warrior* das erste echte Panzerschiff mit Dampfantrieb. Um Kohle zu sparen, hatte sie auch noch ein vollständiges Rigg. Besser gesagt: Sie hat ein vollständiges Rigg. Durch einen glücklichen Umstand ließ sich für ihre geplanten Verschrottung im Jahr 1924 kein Käufer finden. So ist die *HMS Warrior* heute im Portsmouth Historic Dockyard zu besichtigen und immer noch sehr beeindruckend.

Nur wenig später lief 1864 auch in Deutschland das erste Panzerschiff vom Stapel – die *SMS Arminius*. Sehr germanisch benannt nach dem Fürsten der Cherusker – Arminius bzw. Hermann –, der die römischen Invasoren in der Varusschlacht so vernichtend geschlagen hatte.

VERNES ARBEITSWEISE – SCHREIBEN WIE AM FLIEẞBAND UND INNOVATIVE IDEEN

Verne hat in 43 Jahren schriftstellerischer Tätigkeit insgesamt 64 Romane erschaffen – ein umfangreiches Werk mit vielen Bestsellern, voller neuartiger Ideen und auf penibler Recherche basierend (s. Junkerjürgen 2018, S. 36). Ein emsiger Autor, diszipliniert, immer begierig zu lernen und offen für die Forderungen und Ratschläge seines Verlegers Hetzel.

Seine Romane, vor allem die Werke aus der Reihe *Voyages extraordinaires* hatten ein inhaltliches Ziel, meist eine Expedition zur Erforschung einer *Terra incognita* oder eines *Mare incognitum.* Die Erkundung und Kartierung eines solchen weißen Fleckens auf der Land- oder Seekarte mit seiner Fauna, Flora und Ethnologie war wie ein Panorama oder eine Abfolge von Schaufenstern, vor dem sich dann der Spannungsbogen der Geschichte aufbaute. In dieses literarische Gerüst fügte Verne seine Charaktere und Aktionen ein, um Informationen zu vermitteln und die Handlung voranzutreiben.

Beim Lesen sollte so der Eindruck entstehen, dass die fremde Welt mit ihren aufregenden Herausforderungen vor dem inneren Auge des Lesenden wie ein echtes Panorama vor dem Auge des Betrachters vorbeizieht – ein imaginärer Bilderbogen voller staunenswerter Details.

Eines seiner Erfolgsprinzipien war das Sammeln von Ideen und Informationen in Zettelkästen. Für jeden geplanten Roman legte Verne einen solchen Kasten an und sammelte dort Wissensschnipsel, von Notizen über Zeitungsartikel bis zu Reiseberichten und Stichworten, oft über Jahre hinweg. Diese hölzernen Kästen voller Papierschnipsel waren die Füllhörner, aus denen er dann beim Schreiben schöpfte. So konnte er, wenn es dann an das Schreiben des Buches ging, sofort auf ein umfassendes Archiv an Details zurückgreifen und alles zu einer farbigen, lebendigen Geschichte verweben (s. Laeng 2012)

Verne hatte für die *Phantastischen Reisen* ein Romankonzept ausgearbeitet, das er als grundlegendes Schema immer wieder leicht variierte. Im Zentrum stand die geschickte Vermittlung von wissenschaftlichen Fakten verschiedenster Fachrichtungen. Weitere typische Elemente waren:

- ein Erzähler, der Stellung bezieht und die Handlung kommentiert,
- eine einsträngige Handlung mit wenigen Rückblicken und Parallelführungen,
- ein dramaturgisch geschickt erzählter Spannungsbogen, in dem Katastrophen unvorhersehbare Wendungen auslösen und der sich bis zum dramatischen Ende immer wieder steigert,
- schematisierte Charaktere, die einer Rolle entsprechend agieren,
- eine starke Einbindung von Show-Effekten für theatralische Inszenierungen
- und eine Natursymbolik aus Stürmen, Kämpfen mit Tieren und erstaunlich regelmäßig auftauchenden Vulkanausbrüchen, die die menschlichen Helden immer wieder in die Schranken weist und den Vormachtanspruch des Menschen mit all seiner Technik infrage stellt (s. Dehs 2005, S. 194).

Mit diesem Schema folgten Vernes Romane einer strikten Dramaturgie, sie waren durchkomponiert wie Bühnenstücke. Vernes Innovationskraft lag darin, all diese Fakten zusammenzutragen und mit einem Spannungsbogen zu ordnen sowie einen neuartigen Helden-Typus und neuartige Abenteuer zu erschaffen.

Der Autor führte eine umfangreiche Korrespondenz und war ein Sammler schriftlicher Fundstücke. Gegen Ende seines Lebens soll er einen erheblichen Teil der Korrespondenz und andere Belege vernichtet haben. Dadurch blieben nur seine Romane, die

Manuskripte und ausgewählte Schriftstücke übrig (s. Dehs 2005, S. 7).

Da er recht bescheiden und zurückgezogen lebte, blühte die Legendenbildung bereits zu seinen Lebzeiten: Manche Zeitungen dichteten ihm ein Millionenvermögen an, das er nie hatte. Andere mutmaßten Geschichten über seine vermeintliche Herkunft als polnischer Jude. Verne dementierte diese Sensationsstorys genauso wie Todesmeldungen über ihn. Ebenfalls zu dieser Zeit kam bereits die sich bis heute hartnäckig haltende Legende auf, er sei ein technischer Visionär (s. Dehs 2005, S. 108).

Storytelling im Jules-Verne-Stil

Verne legte seine *Außergewöhnlichen Reisen* als Vermittlung von Wissen und Wissenschaft an, seine Helden und deren Biographien waren Verfechter der Moderne und Technologie. Sein Muster, umfangreiche Wissensbereiche mit Protagonisten-Schablonen in einen Spannungsbogen mit narrativen Elementen einzufügen, würde man heute als Storytelling bezeichnen.

Wenngleich noch weniger ausgeprägt als beim heutigen Storytelling hatte er mit spannenden Szenen, Cliffhangern, Mystery- und Detektivgeschichten-Elementen für die damalige Zeit unerhört rasant geschrieben. Und er war einer der wenigen, die solche Spannungsbögen aus Abenteuergeschichten auf den Sektor der Bildung anwendeten.

Seine Geschichten sind meist in drei große Abschnitte untergliedert, ähnlich der Drei-Akt-Struktur des Theaters:

1. **Einleitung:** Einführung und Vorstellung der Hauptcharaktere, des Ortes und des zentralen Problems,
2. **Hauptteil:** Der Konflikt spitzt sich immer weiter zu und wächst dem Protagonisten über den Kopf – die Lage erscheint aussichtslos,

3. **Schluss**: Die Hauptfiguren können das Problem/den Konflikt mit großer Anstrengung lösen (s. Haftmann 2014).

Angewendet auf *20.000 Meilen unter den Meeren* bedeutet das:

- **Einleitung:** Prof. Aronnax, Conseil und Ned Land gehen auf Meeresmonsterjagd und stoßen dabei auf Kapitän Nemo (Konflikt) und die *Nautilus* (Problem).
- **Hauptteil:** Der Hauptteil zieht sich sehr lang hin, schließlich möchte Verne die Meeresforschung und Technologie vorstellen. Der Leser erlebt durch die Augen der Protagonisten eine Fülle von einzelnen, kleineren Abenteuern. Immer wieder kommt es zu aufregenden Situationen, die durch die technische Überlegenheit Nemos oder den Wagemut Lands gelöst werden. Dabei spitzt sich durch den zunehmend offensichtlicher werdenden Wahnsinn Nemos ein Konflikt zu, bis die Helden um ihr Leben fürchten. Eine Flucht aus dem stählernen Gefängnis erscheint nahezu aussichtslos.
- **Schluss:** Zu guter Letzt gelingt Aronnax, Conseil und Land die Flucht von der *Nautilus* und vor dem wahnhaften Nemo, sie werden wieder in ihr Leben zurückgespült.

Nach heutigen Maßstäben ist der Hauptteil wesentlich zu langatmig, die enzyklopädischen Einschübe, die teils fast ganze Kapitel einnehmen, entsprechen nicht mehr den modernen Lesegewohnheiten.

Um 1860 allerdings gab es noch keine rasend schnellen Medien wie Film, Fernsehen oder gar Computerspiele, die die Sehgewohnheiten der Moderne prägen. Damals waren Fortsetzungsromane in Heften wie Hetzels Druckprodukten schon rasant.

Auch gab es noch keine inflationäre Bilderflut wie heute, wo ständig schnellere, rasantere und aufregendere Bilder erforderlich sind, um überhaupt noch Aufmerksamkeit zu erregen. So waren

Vernes Beschreibungen, unterstützt von den hervorragenden Illustrationen, wichtig für das Kopfkino der Lesenden.

In seiner Zeit hatte Jules Verne nicht zuletzt aufgrund seiner Storytelling-Qualitäten Maßstäbe gesetzt – im edukativen Bereich war dieses Konzept etwas vollkommen Neues.

Vernes Inspirationsquellen: Lektüre, Weltausstellungen, Kontakte und Reisen

Paris war zu Vernes Zeit eines der wichtigsten Zentren der Wissenschaft und Technik: In der französischen Hauptstadt befanden sich viele wissenschaftliche Institutionen. Reisende und Forscher aus aller Welt berichteten dort von ihren Erlebnissen, Erkenntnissen und Erfahrungen. Über öffentliche Vorträge und Vorlesungen sowie in Zeitungen und Wochenblättern wurden neue Erkenntnisse oder Diskussionen verbreitet.

Verne nahm seine Anregungen und Informationen aus verschiedenen Quellen: Die Lektüre von Zeitungen und Heften hielt ihn auf dem Laufenden, was in Frankreich, in ganz Europa und außerhalb gerade geschah. Dazu gehörten Berichte über Expeditionen, neue wissenschaftliche Erkenntnisse, Theorien und Diskussionen genauso wie Porträts von VIPs oder das Tagesgeschehen, worüber „man" sprach.

Daneben pflegte er persönliche Kontakte zu Menschen, die für ihn interessante Dinge taten, erfanden, erforschten und erlebten, wie etwa der Ingenieur und Tauchboot-Konstrukteur Conseil.

Verne nutzte die Metropole Paris als Tor zur Welt. Die französische Hauptstadt war nicht nur das Zentrum Frankreichs für Wissenschaft, Literatur und andere intellektuelle Angebote, sondern auch der Veranstaltungsort dreier Weltausstellungen – 1855, 1867 und 1878. Auf diesen Events der Superklasse trafen sich Menschen aus aller Welt, um ihre innovativen Ideen, Konstruktionen und allerneuesten Forschungsergebnisse vorzustellen. Diese inspirierenden Events zogen neben Architekten, Wissenschaftlern und Ingenieuren auch Schriftsteller und Künstler an, dadurch kam es auf kleinem Raum zu einem enormen, interdisziplinären Austausch. Verne fand auf diesen Ausstellungen eine Vielzahl von Erfindungen und Eindrücken, die in sein Werk einflossen.

Für *20.000 Meilen unter den Meeren* waren dies u. a.:

- 1855: die Vorstellung eines Panzertaucheranzugs namens Skaphander,
- 1867: eine nie zuvor gesehene große Aquarienlandschaft und ein Modell des ersten französischen U-Boots *Le Plongeur*,
- 1878: elektrisches Licht und von Verne inspirierte Aquarien der Superlative.

Während Verne von den subaquatischen Grotten der Pariser Weltausstellung 1867 noch Inspiration für seine submarinen Abenteuer bekam, wurden Schriftsteller und Werk selbst die Inspirationsquelle für die Pariser Ausstellung von 1887: Das Ziel des Generalkommissars Jean-Baptiste Krantz mit einem „sorgfältig konstruierten Aquarium war nichts weniger als die ‚Verwirklichung der fantastischen Konzepte Jules Vernes'" (Harter 2014, S. 80). Verne hatte maßgeblich dazu beigetragen, dass die Ozeane ein Modethema wurden.

Zusätzlich ließ sich der Autor von Reiseberichten und Romanen aus fremden Federn inspirieren. Über Mondschiffe, Tauchboote und Flugmaschinen hatten bereits andere geschrieben, vor allem die englische Literatur nahm eine Vorreiterposition für Phantastische und Abenteuer-Romane und frühe Science-Thriller ein, oft auch Mischungen aus verschiedenen Genres. Mit neuen Romangattungen wie Unheimlichen oder Horror-Romanen, etwa von Shelley und Poe, oder Doyles Detektivgeschichten kamen auch neue Erzählformen auf (s. Junkerjürgen 2018, S. 42).

Einige dieser Autoren und Autorinnen sind heute noch bekannt und werden gelesen. Dazu gehörten Mary Shelleys *Frankenstein*, H. G. Wells *Zeitmaschine*, Edgar Allan Poes Kurzgeschichte *Hinab in den Maelström* und Arthur Conan Doyle mit seinen Detektivgeschichten um Sherlock Holmes. Andere Werke, wie James Fenimore Coopers Seefahrtsromane, sind in Europa nahezu vergessen.

Die Deduktion als narratives Element, wie sie der Star-Detektiv Sherlock Holmes mit seinem Weggefährten Dr. Watson vorführt, nutzte Verne für seine wissenschaftlichen Helden. Dabei ist das Rätsel stets der Beginn einer Geschichte, und von dort aus werden dann Schritt für Schritt Rückschlüsse aus den Fakten gezogen, bis am Ende eine plausible, wissenschaftsbasierte Erklärung eines vermeintlich übernatürlichen Sachverhalts steht (s. Junkerjürgen 2018, S. 43). Seine Helden denken und agieren auf der Basis der Wissenschaft und Technik, lösen scheinbar übernatürliche Rätsel mit Hilfe ihrer deduktiven Fähigkeiten wie Detektive der Naturwissenschaft und überwinden mit ihrer stringenten Rationalität auch unheimliche Situationen.

Das berühmte Sherlock-Holmes-Zitat, „Wenn Du das Unmögliche ausgeschlossen hast, dann ist das, was übrigbleibt, die Wahrheit, wie unwahrscheinlich sie auch ist", lässt sich hervorragend auch für die naturwissenschaftlichen Rätsel mit Mystery-Touch, wie etwa die *Außergewöhnlichen Reisen*, anwenden. Auch wenn es eigentlich dem in der modernen Naturwissenschaft geforderten Parsimonie-Prinzip – auch als „Ockhams Rasiermesser" bekannt – widerspricht, nach dem von mehreren möglichen Erklärungen die einfachste Theorie allen anderen vorzuziehen ist. Mit der sparsamsten Erklärung ließe sich aber schwerlich der Spannungsbogen einer außergewöhnlichen Reise aufbauen.

An anderen Stellen setzt Verne auf sanftes Schaudern, etwa wenn seine Protagonisten mit einer scheinbar übernatürlichen Macht konfrontiert werden. Die Jagd nach dem Meeresmonster oder der Maelström sind so gewaltige Kräfte, dass sie trotz ihrer Erklärbarkeit durch ihre Überlegenheit nahezu phantastisch erscheinen.

Weiterhin nutzte Verne beim Schreiben Elemente des Realismus, einer Literaturströmung vor allem der zweiten Hälfte des 19. Jahrhunderts. Autoren des Realismus wie Émile Zola oder Gustave Flaubert wollten die Welt objektiv betrachten und dies künstlerisch wiedergeben, ohne zu moralisieren.

Solche Beschreibungen sind auch in Vernes Werken zu finden, allerdings begnügt er sich oft nicht mit der bloßen Wiedergabe, sondern fügt einzelne realistische Elemente mit narrativen Elementen zusammen und erschafft so Neues. So beschreibt er natürliche Phänomene und ihre rationalen Erklärungen, stellt dabei aber auch ihre überwältigende Natur heraus, sodass sie überlebensgroß werden. Verne nutzt also mehrere Genres und verwebt deren Merkmale geschickt miteinander (s. Junkerjürgen 2018, S. 88).

Illustrationen

Charakteristisch für die Reihe *Voyages extraordinaires* waren die großformatigen exzellenten Illustrationen, die bis heute untrennbar mit Vernes Werk verbunden sind. Hetzel hatte als Verleger früh auf diese zusätzliche Visualisierung gesetzt und arbeitete mit einer Reihe von Illustratoren zusammen. Diese schufen ihre Holzschnitte in enger Zusammenarbeit mit Verne und oft auch mit Hetzel.

Der Verleger plante die Bilder schon zu einem frühen Zeitpunkt der Entstehung eines Romans, um den Künstlern Zeit für ihre aufwendigen Arbeiten zu verschaffen. Außerdem bekamen die Künstler so schnell wie möglich eine Kopie des ersten Manuskriptentwurfs mit Hetzels Notizen und Vorgaben.

Verne hatte sich neben der Literatur und dem Theater auch intensiv mit Malerei beschäftigt und soll selbst ein recht guter Zeichner gewesen sein (s. Junkerjürgen 2018, S. 36). Dadurch konnte er die Künstler detailliert instruieren und anleiten, sodass die Abbildungen den Romaninhalt perfekt illustrieren.

Die Bilder für die *Phantastischen Reisen* lassen sich grundsätzlich in vier Kategorien einordnen: Porträts und andere Bilder zur Vorstellung der Hauptpersonen, Postkarten- oder Panorama-Ansichten von wichtigen Orten, Karten und lehrbuchartige Arrangements zu Lehrzwecken sowie dramaturgisch besonders wichtige Actionszenen.

In einer Zeit, in der bildgebende Verfahren wie die Photographie gerade erst entwickelt wurden, war diese Visualisierung und bildliche Ausschmückung des Textes von viel größerer Bedeutung als heute. Heutzutage hat jedes Kind durch Filme, Photographien oder andere Abbildungen eine konkrete Vorstellung von einem Hai, einem Riesenkraken, einem Tauchanzug oder einem Tauchboot. Damals gab es diese Bilderwelten noch nicht und so wirkten die hochwertigen Drucke noch wesentlich prägender.

Diese Buchabbildungen wurden in der üblichen Arbeitsteilung erstellt: Ein Künstler schuf die Illustration, die Umsetzung als Holzstich übernahm dann der Holzschneider. Holzstiche hatten als Hochdruckverfahren den Vorteil, dass sie beim Buchdruck in den typographischen Satz eingefügt und mit ihm gemeinsam in einem einzigen Arbeitsgang gedruckt werden konnten, was Kosten und Zeit sparte.

Die Künstler waren Meister ihres Fachs: Léon Benett etwa war vor seiner Laufbahn als Illustrator als Kolonialbeamter in Indochina, Nordafrika und der Südsee unterwegs und hatte von diesen Auslandsaufenthalten umfangreiche Skizzenbücher mitgebracht (Junkerjürgen 2018, S. 180–181). Zu seiner Zeit waren diese Skizzen ein medialer Schatz. Als Reiseabenteuer lebten die *Außergewöhnlichen*

Reisen von exotischen Orten, die für die meisten Menschen unerreichbar blieben und Benett konnte dafür authentische Bilder liefern.

Alphonse-Marie-Adolphe de Neuville hatte zunächst Ingenieurswissenschaften an der Marineakademie und erst danach Malerei studiert, damit war er prädestiniert für die technischen Themen des Meeresromans. De Neuville schuf eine gewaltige Bilderwelt der Meerestechnologie und Tauchbootarchitektur: die Innenansichten des *Nautilus*-Salons mit dem überdimensionalen Bullauge, Ansichten der *Nautilus* von innen und außen, Details wie das Steuerhaus und den Maschinenraum sowie die Skaphander beim Unterwasserausflug.

Das riesige Bullauge der *Nautilus* ist eine innovative Idee, so etwas hatte es noch nie gegeben (s. Harter 2014, S. 78). Dieses erste Unterwasser-Panoramafenster war Fenster und Bühne gleichermaßen und von großer dramaturgischer Bedeutung: Die Protagonisten stehen innen, also im Vordergrund, und blicken angespannt durch das Glas hindurch nach außen, in die Unterwasserwelt. Dabei gibt es mindestens zwei verschiedene Fenster – das eine Bullauge hat einen schlichten Rahmen, das andere ist vertikal in drei Abschnitte unterteilt und mit floralen Ornamenten dekoriert: Diese Abbildungen heißen *Ein Kalmar von gigantischen Ausmaßen* (Verne 2003, S. 572) und *Das Meer war durchsichtig geworden* (Verne 2003, S. 158). Vor dem Fenster tauchen dann die tierischen Protagonisten auf, der bekannteste ist der Riesenkrake, der auf der anderen Seite des Glases verharrt und hineinzublicken scheint. Gerade diese Abbildung ist neben dem Kampf mit dem Riesenkalmar heute eine Verne-Ikone und Teil der Popkultur.

Viele Illustrationen zeigen theatralische Arrangements, die Bühnenbildern oder Aquarien ähneln. Die Künstler haben den vertikalen Schnitt wie beim Theater und in Aquarien in ihren Bildern beibehalten. So wird die eigentlich unfassbare Unterwasserwelt in einen Rahmen gefasst und für die Lesenden etwas weniger überwältigend. Die endlose und bodenlose Weite der Ozeane wäre für Zeichner auch sehr schwierig umzusetzen gewesen, denn die Bildsprache dafür fehlte genauso wie das Verständnis des Publikums. So können die Zeichner um 1860 nur auf die dramaturgische Bildsprache der Bühne zurückgreifen und darauf vertrauen, dass sie verstanden werden. Schließlich wurde die Weite des offenen Ozeans erst etwa 100 Jahre später mit den Unterwasseraufnahmen von Hans Hass oder Jacques-Yves Cousteau auf Photos und in Filmen abgebildet und damit der breiten Öffentlichkeit allmählich vertraut.

An mehreren Stellen ist an Details erkennbar, dass die Zeichner sich mit den abzubildenden Objekten nicht auskannten und daher nach bestehenden Vorlagen gearbeitet haben müssen. Eine ganze Reihe der Tiere ist in den typischen dramatischen Körperhaltungen der damaligen Zeit abgebildet. Im 19. Jahrhundert mussten Wildtiere sich wild gebärden. Das zeigten sie am ehesten, wenn sie einen Menschen oder sich gegenseitig angriffen. Dass viele Tiere einen erheblichen Teil des Tages schlafen, ruhen oder unaufgeregt ihrer Wege ziehen, wäre zu langweilig gewesen. Darum sind Tiere in historischen Museumsausstellungen fast immer angespannt aufgerichtet, mit aufgerissenem Maul, erhobenen Tentakeln oder ähnlich dramatisch dargestellt worden.

Genau diese Erwartungshaltung wird auch in den Illustrationen der *Außergewöhnlichen Reisen* deutlich: Die Seevögel der südlichen Hemisphäre, Fregattvogel und Albatrosse, haben eine regelrecht verschnörkelte Körperhaltung. Dabei segeln die beiden großartigen Flieger normalerweise in aerodynamisch perfekter Körperhaltung, mit gestreckten Flügeln und für lange Zeit regungslos durch die Luft. Der Illustrator hat also vermutlich noch nie selbst einen fliegenden Albatros oder Fregattvogel gesehen, sondern seine Inspiration aus anderen Abbildungen oder Exponaten bezogen.

Ein echter Fauxpas ist bei der Abbildung eines Hais geschehen: Der Zeichner hatte ganz offenbar noch nie einen Hai betrachtet: Der Knorpelfisch hat fälschlich die Flossen eines Knochenfisches wie Hering oder Makrele, bei denen die knöchernen Flossenstrahlen nur von der dünnen Haut bedeckt sind. Knorpelfische wie Haie und Rochen haben jedoch fleischige Flossen; die knorpeligen Flossenstrahlen sind normalerweise nicht durch die Hautoberfläche sichtbar.

Zu Vernes Zeiten dürften nur wenige Menschen diesen Irrtum bemerkt haben. Die Anzahl von anatomisch exakten Abbildungen war begrenzt und sicherlich hatten außer Fischern und Seeleuten nicht viele Menschen einen echten Hai getroffen. Wahrscheinlich war es schwierig, in Paris überhaupt einen Knorpelfisch zu Gesicht zu bekommen, dafür hätte man wohl an die Küste fahren müssen. Da die Zeichner unter starkem Zeitdruck standen, blieb keine Zeit für solch aufwendige Recherche. Auch Verne, der ja oft mit den Zeichnern eng zusammengearbeitet hat, ist dieses Detail entweder nicht bekannt gewesen oder er hat es im Zeitdruck übersehen (s. Verne 2003, S. 340).

20.000 MEILEN UNTER DEN MEEREN – EINE KURZE INHALTSANGABE

Der berühmte französische Meeresbiologe Prof. Pierre Aronnax und sein Diener Conseil sind auf einer Forschungsreise in den Vereinigten Staaten unterwegs. Zur gleichen Zeit werden immer wieder Schiffe angegriffen und versenkt, den Gerüchten zufolge von einem riesigen Meeresmonster, das sich mit einer unglaublichen Geschwindigkeit bewegt. Prof. Aronnax wird von der amerikanischen Marine um Hilfe gebeten, um das Rätsel zu lösen und die Schifffahrt wieder sicher zu machen.

Aronnax und Conseil gehen mit der amerikanischen Dampffregatte *Abraham Lincoln* auf die Jagd nach dem Übeltäter. Ebenfalls dabei ist der kanadische Meister-Harpunier Ned Land, der das Monster erlegen soll.

Nach einer langen und ergebnislosen Suche trifft die *Abraham Lincoln* doch noch auf das vermeintliche Monster; der Harpunier entdeckt es mit seinem geschulten Auge. Die Dampffregatte nimmt die Verfolgung auf, kann den großen und schnellen Angreifer aber trotz aller Anstrengungen nicht stellen. Während der Verfolgungsjagd diskutieren die Helden die Natur des Monsters: Prof. Aronnax vermutet einen gigantischen Narwal. Allerdings hat dieser spezielle Wal offenbar eine gepanzerte Haut, an der Ned Lands Harpune immer wieder abprallt. Schließlich attackiert das Monster die *Abraham Lincoln*. Aronnax, Conseil und Land gehen dabei über Bord und können sich retten – auf einer stählernen Konstruktion mitten im Meer. Das Rätsel um das Meeresmonster ist also gelöst, es handelt sich um ein Tauchboot, das offenbar zu keiner Marine der Welt gehört.

Der Konstrukteur und Kommandant des stählernen U-Boots ist der geheimnisvolle Kapitän Nemo. Er lädt die drei als Gäste zu einer außergewöhnlichen Unterwasserreise ein. Sein Unterwassergefährt ist luxuriös ausgestattet mit Bibliothek und Orgel, einer Sammlung von Kunstgegenständen sowie Pflanzen- und Tiersammlungen.

Durch riesige Panorama-Bullaugen können Aronnax, Conseil und Land die phantastische Unterwasserwelt bewundern: Auf einer Reise zieht das gesamte ozeanische Tierreich an ihnen vorbei, von den Tropen bis zu den polaren Gewässern. Die Forschungsreisenden dürfen auch die an Bord befindlichen Tauchgeräte ausprobieren und mit ihnen das versunkene Atlantis erkunden oder in Unterwassergärten spazieren gehen. Kämpfe mit Riesenkraken und gefährlichen Seekühen, Begegnungen mit blutrünstigen Haien und ein Zusammenstoß mit feindlich gesinnten Inselbewohnern sorgen für einen stetigen Spannungsbogen.

Während der Reise lernen sie Kapitän Nemo besser kennen und bewundern zunächst dessen Einfallsreichtum und Unabhängigkeit. Er hat das Tauchboot selbst konstruiert und versorgt sich und seine Besatzung vollständig aus dem Meer, von der Nahrung bis zur Kleidung. Er führt ihnen auch stolz die technischen Finessen der *Nautilus* vor, die mit modernster Technologie ausgerüstet ist – von Antrieb und Beleuchtung per Elektrizität bis zu einer Suite ausgefeilter Messinstrumente auf dem technisch neuesten Stand. Außerdem beeindruckt Nemo mit seiner Bildung, seiner Forschungsattitüde und seinem Kunstverstand vor allem Prof. Aronnax, der dies alles ebenfalls mit Vergnügen zelebriert. Allerdings bereitet ihnen die misanthropische Haltung des Kapitän Nemo zunehmend Sorgen, schließlich sind sie seinen plötzlich umschlagenden Launen und Allmachtsphantasien ausgeliefert.

Als die *Nautilus* von einem Kriegsschiff angegriffen wird, versenkt Kapitän Nemo das Schiff und genießt dessen Untergang. Nun wollen Prof. Aronnax, Conseil und Ned Land die *Nautilus* und ihren offenbar wahnsinnigen Kommandanten nur noch so schnell wie möglich verlassen. Die Flucht gelingt ihnen, als sie im Mahlstrom vor der norwegischen Küste über Bord gespült werden und schließlich wohlbehalten und in Sicherheit in der Hütte eines norwegischen Fischers aus tiefer Bewusstlosigkeit aufwachen.

Köpfe und Charaktere in *20.000 Meilen unter den Meeren*

Vernes Romane der *Voyages extraordinaires* sind auf dem literarischen Reißbrett entstandene serielle Konstrukte. So sind die Helden oft keine echten Individuen, sondern vielmehr Typen von Charakteren, die Rollen für Handlung und Dramaturgie ausfüllen. Sie tragen die Geschichte, treiben die Handlung voran und kommunizieren die von Verne und Hetzel geplanten Informationen; so wirken sie mitunter stereotyp.

Die schematisch angelegten Charaktere belebte Verne mit einigen besonderen Charaktereigenschaften, die er bei anderen Personen abschaute. So erscheinen sie letztendlich etwas menschlicher und weniger blutleer.

Diese Charaktere lassen sich grundsätzlich einteilen in:

- den oder die positiven Helden – oft ein wohlhabender Gentleman und/oder Wissenschaftler,
- Hilfshelden, die ihn bewundern und unterstützen (Diener und Assistenten),
- Gegenspieler (eine oder mehrere Personen) und
- die Natur.

Seine Hauptthelden bewegen sich oft zwischen Genie und Wahnsinn. Auf der einen Seite brillieren Genie, Bildung und ein scharfer analytischer Verstand sowie Selbstbeherrschung, auf der anderen Seite stehen Größenwahn und Weltherrschaftsphantasien, die sich manchmal wahnhaft und ungezügelt ihre Bahn brechen. Dazu kommen Macht, Mystery und Philosophie.

Auch wenn in dieser Zeit Wissenschaft und Technologie so rasch heranwuchsen, dass sie sich in Windeseile diversifizierten und der Typus des Universalgelehrten schon vom Aussterben bedroht war – Alexander von Humboldt war einer der letzten –, sind Vernes

Heldentypen eben doch oft noch genau solche Universalgelehrte. Mit ihrer interdisziplinären intellektuellen Überlegenheit meistern sie die Herausforderungen und bleiben, auf ihr profundes Wissen vertrauend, unerschütterlich.

Ihr enzyklopädisches Wissen über Zoologie und Botanik, Geologie und Geographie, Physik, Chemie, Hydrographie, Ethnologie, Astronomie und Technik sowie ihre Wissbegierde und Innovationskraft machen sie zu den ersten wissenschaftlichen Helden. Verne lässt seine Protagonisten all diese gerade sprießenden Wissensgebiete zusammen- und in die praktische Anwendung überführen. Neue technische Ideenkonstrukte erweckte er zum Leben; seine Helden glänzen immer auch durch technische Überlegenheit und Courage. Mit der konsequenten Anwendung real existierender Technologien und Abläufe erschafft er den Alltag der Gegenwart und der nahen Zukunft (s. Junkerjürgen 2018, S. 61). Damit hat der Autor einen neuen, sehr modernen Heldentypus populär gemacht.

Jules Verne perfektioniert in seinen Literaturhelden den wohlhabenden und gut erzogenen Gentleman, der, meist akademisch gebildet und perfekt ausgestattet mit Spezialwissen und oft auch Vermögen, selbst die größten Herausforderungen meistert und allen Gefahren unerschütterlich trotzt. Der Gentleman-Abenteurer ist weltläufig, behält den Überblick und entscheidet mit kühlem Kopf, verliert nie die Fassung und verhält sich immer untadelig. Dieses Vorbild eines Gentlemans ist verknüpft mit der englischen Nationalität. Bei Verne dürfen dann allerdings auch Männer anderer Nationalität als Vorbilder dienen und Hauptprotagonisten sein.

Ein Paradebeispiel eines solchen viktorianischen Gentlemans ist die Figur des zeitbesessenen Phileas Fogg, die tatsächlich auf echten Vorbildern, zwei exzentrischen US-amerikanischen Weltreisenden, basiert (s. Dehs 2005, S. 211): George Francis Train, der seine Weltreise 1870 beendet hatte und außerdem an der transamerikanischen Eisenbahn beteiligt war, sowie William Perry Fogg, der 1871 nach seiner Weltreise die Öffentlichkeit mit Reiseberichten aus exotischen asiatischen Ländern begeisterte. Aber auch der Franzose Prof. Pierre Aronnax entspricht diesem Vorbild; er trägt allerdings keine auffallend karierten Anzüge.

Die Staatsangehörigkeit einer Romanfigur war und ist nicht trivial. Zu Vernes Zeit traten nationalistische Dünkel noch stärker hervor als heute und wurden regelrecht zelebriert. Franzosen, Engländer, US-Amerikaner/Kanadier, Deutsche und andere befanden sich in einem stetigen Wettstreit um die tollkühnsten Entdeckungen, die genialste Technik und den größtmöglichen wissenschaftlichen Erfolg. Die Nationen führten zu dieser Zeit durchaus noch Kriege gegeneinander – so hatte etwa der deutsch-französische Krieg (1870–1871) Vernes Begeisterung für Deutschland deutlich abklingen lassen. Junkerjürgen (2018, S. 63) beschreibt dies als Wissenschaftsnationalismus: „Die Entwicklung moderner Wissenschaft geht im 19. Jahrhundert mit der Nationalisierung einher […]. Historisch gesehen, entspricht ein englischer Forschungsreisender den Tatsachen, denn es waren vor allem Briten, die sich in der Entdeckung der Welt hervorgetan haben.“ Dieses Wetteifern der Nationen wurde inszeniert und zum Mitfiebern aktuell publiziert von einer gerade entstehenden, jungen Presselandschaft.

Verne zitiert und ironisiert diesen wissenschaftliche Rekorde beschreienden Sensationsjournalismus gleichermaßen. Etwa als das Projekt des nüchternen englischen Ballonfahrers Dr. Samuel Fergusson (*Fünf Wochen im Ballon*) in der Royal Geographical Society vom Präsidenten derselbigen vorstellt wird: „England ist immer an der Spitze der Nationen vorausgegangen […], und zwar durch die Unerschrockenheit seiner Forschungsreisenden auf dem Weg zu den geografischen Entdeckungen. (Breite Zustimmung). Dr. Samuel Fergusson, einer ihrer glorreichen Söhne, wird seiner Herkunft kein Unrecht tun. (Von allen Seiten: Nein! Nein!)." Die pathetische Vorstellung wird, so interpretiert Junkerjürgen (2018, S. 63), durch die Publikums-Zwischenrufe ironisiert.

Trotz des nationalistischen Dünkels und der entsprechenden Vorurteile hielt Verne seine Helden international – ein wesentlicher Schlüssel zu seinem späteren internationalen Erfolg, so Junkerjürgen, der Verne dabei mit Karl May vergleicht. Dessen nahezu ausschließlich deutsche Helden waren international kaum verkäuflich, ein Grund dafür, dass May bis heute kaum über Deutschland hinweg bekannt ist (s. Junkerjürgen 2018).

Auch Vernes Charaktere stammten aus dem Zettelkasten – idealisierte Typen mit großem Wissen und unerschütterlichem Mut, belesen und gut situiert. Getrieben von einer besonderen Motivation begeben sie sich geplant und bewusst in Abenteuer, von denen andere kaum zu träumen wagen.

Meist sind sie schon moderne Helden, wenn sie zu ihrer Queste ausziehen – ihre Meriten werden von ihren Gesprächspartnern aufgezählt und lassen sich an ihrem Besitz und ihren Handlungen ablesen. Ein Beispiel dafür ist in *20.000 Meilen unter den Meeren* die Situation, in der die *Nautilus* in der Torres-Straße zwischen Korallenriffen navigiert:

„[...] so sah ich, wie Kapitän Nemo persönlich sein Boot mit eigener Hand durch dieses Gewässer manövrierte. Mir standen ausgezeichnete Karten von der Torres-Straße zur Verfügung, die von dem Hydrographen Vincendon Dumoulin und dem heutigen Admiral Coupvent-Desbois, damals Leutnant zur See, gezeichnet worden waren; beide hatten dem Offiziersstab Dumont d'Urvilles auf dessen letzter Weltumsegelung angehört. Sie stellen, zusammen mit den Werken von Kapitän King, die geeignetsten Karten dar, um sich den Weg durch das Chaos dieser schmalen Passage zu bahnen, und so studierte ich sie mit größter Aufmerksamkeit.

‚Das nenne ich eine unruhige See', bemerkte Ned Land.

‚In der Tat, es herrschen schlimme Bedingungen', pflichtete ich ihm bei. ‚Für ein Schiff wie die *Nautlilus* sicherlich nicht ideal.'" (Verne 2003, S. 232).

Mit diesem Absatz präsentiert Prof. Aronnax sein Wissen über die französischen Expeditionen; Aronnax' und Lands Bewunderung erhöht Kapitän Nemo. Dass Nemo in dieser offenbar gefährlichen Situation selbst das Ruder in die Hand nimmt, symbolisiert seinen Herrschaftsanspruch über sein Tauchboot und dass er offenbar wagemutiger und ein besserer Navigator als sein Rudergänger ist.

Prof. Aronnax – Wissen ist Macht

Vernes Privatgelehrte sind eine Klasse für sich: „Vernes praktischer Gelehrter ist ein positivistischer Held, der nur von gegebenen Fakten ausgeht, für den es keinen Aberglauben, keine Mystifikationen und keine Gespenster gibt. Wenn noch Geheimnisse existieren, dann nur, um gelüftet zu werden" (Junkerjürgen 2018, S. 62).

In *20.000 Meilen unter den Meeren* ist der wissenschaftliche Held und Ich-Erzähler der unerschrockene Prof. Pierre Aronnax, ein Zoologie-Professor des Pariser Naturkundemuseums. Es ist kein Geheimnis, dass Aronnax nach Prof. Milne Edwards gestaltet wurde, dem Direktor des Pariser Naturkundemuseums, einem international renommierten Meeresbiologen und Experten für wirbellose Meerestiere wie Krebse und Korallen.

Verne charakterisiert seinen meeresforschenden Gelehrten über dessen wissenschaftliche Verdienste und den Respekt, den ihm die französische und die US-Regierung, seine Fachkollegen und andere Personen wie etwa sein Diener und Assistent Conseil entgegenbringen.

Prof. Pierre Aronnax ist ein etablierter Gentleman und exploriert in höherer Mission: Er unternimmt keine Abenteuer als Selbstzweck, sondern arbeitet, um der Wissenschaft und letztendlich der Menschheit zu dienen. So lässt er sich auf Bitte der amerikanischen Regierung bereitwillig auch auf die Erkundung des geheimnisvollen Meeresmonsters ein, das bis dahin schon mehrere Schiffe versenkt und dabei auch Menschen mit in den Tod gerissen hat. Er glaubt nicht an Mythen, sondern geht scheinbar übernatürlichen Geheimnissen auf den Grund, um eine rationale Erklärung zu finden.

Gleich zu Beginn der Geschichte beweist der kühle Denker seine wissenschaftliche Methodik: Er geht nicht einfach auf Monsterjagd, sondern stellt auf der Basis der Berichte Überlebender eine Hypothese zur Natur des angeblichen Meeresmonsters auf. Da es keine übernatürlichen Kräfte gibt, könne es sich nur um einen extrem großen Wal handeln: „Ich glaube an die Existenz eines hoch organisierten Säugers aus dem Stamm der Wirbeltiere wie Glattwal, Pottwal oder Delphin." Aufgrund des „Horns" entscheidet er sich schließlich für einen gewaltigen Narwal; die Männchen dieses arktischen Zahnwals tragen bekanntlich kein Horn, sondern einen spiralig gedrehten linken Zahn, der über 2,5 Meter nach vorne ragen kann. Diese Schlussfolgerung ergibt sich für ihn zwingend angesichts der Faktenlage. Und dann untermauert er seine Hypothese mit einer Kaskade von Zahlen und Fakten, um den skeptischen Ned Land davon zu überzeugen (s. Verne 2003, S. 43).

Prof. Aronnax erzählt aus der Ich-Perspektive – der berühmte Meeresbiologe und verwegene Forscher ist Jules Vernes Alter Ego. Dafür spricht nicht nur die wissenschaftliche Neugier, die beide teilen, sondern auch eine Illustration in der französischen Erstausgabe des Romans: Sie zeigt eine Abbildung von Aronnax, die nach dem Vorbild eines Porträts von Jules Verne angefertigt wurde.

Fern der Heimat Paris ist Aronnax den Niederungen der häuslichen und institutionellen Widrigkeiten entflohen – eine solche Forschungsreise ist schließlich immer auch ein Stückchen Eskapismus. Das hat sich auch Verne immer heiß ersehnt, der für seinen Eskapismus bekannt war und auf seinem Boot Zuflucht vor der Familie und anderen Unbilden des Alltags fand.

Dass auch damals Forscher überwiegend fleißig am Schreibtisch erdacht, analysiert und geschrieben haben, im Heimatinstitut Vorlesungen und Vorträge gaben und allzu oft mit der Beschaffung von Finanzierungen und administrativen Angelegenheiten befasst waren, steht außer Frage. Dazu kamen noch die akademischen Ränke und die Forschungs- und Wissenschaftspolitik, wie sie etwa Petra Werner am Beispiel der Einrichtung der Biologischen Anstalt Helgoland aus dieser Zeit detailliert beschreibt (s. Werner 1993, S. 11). All dies wischt Verne bewusst beiseite, schließlich ergibt eine wissenschaftsromantische Expedition eine wesentlich bessere Geschichte als Schreibtischarbeit und Institutsintrigen.

Conseil

Der Assistent des Professors ist als wandelnde Enzyklopädie, Diener, Bewunderer und Stichwortgeber eine Figur mit so vielfältigen Funktionen wie ein literarisches Schweizer Taschenmesser.

Seine untergeordnete Position ist bereits daran zu erkennen, dass er weder Vornamen noch Titel trägt, sondern nur über die dienende, unterstützende Beziehung zu seinem Herrn Professor definiert ist. Prof. Aronnax stellt ihn als treuen und nützlichen Diener vor, was aus heutiger Perspektive recht herablassend wirkt.

Die Distanz in ihrem Verhältnis geht allerdings von Conseil aus – er treibt seinen Dienstherrn in den Wahnsinn, weil er ihn immer in der dritten Person anspricht: „Wie Monsieur beliebt“ ist seine standardisierte Antwort auf alle Anforderungen und Aufforderungen, seien sie auch noch so unbequem (s. Verne 2003, S. 30–31).

Im Wortwechsel mit Ned Land kann Aronnax’ Diener sein lexikalisches Meereskundewissen rezitieren:

„‚Freund Ned, du bist ein gewandter Fischer, geübt, Fische zu töten. Du hast in deinem Leben gewiss große Mengen dieser interessanten Tiere gefangen. Aber ich würde darauf wetten, dass du nicht weißt, wie man sie klassifiziert.‘

‚Aber gewiss doch‘, erwiderte der Harpunier, es gibt Speisefische und Nicht-Speisefische!‘“ (Verne 2003, S. 160).

Davon fühlt sich Conseil so herausgefordert, dass er gleich die gesamte damals gültige Systematik der Fische herunterrasselt, stets kommentiert von dem Kanadier, ob ein Fisch essbar oder nicht essbar sei und wie gut dieser schmecke. Mit Conseils lexikalischen Ausführungen demonstriert Verne seinen Anspruch auf topaktuelles wissenschaftliches Wissen.

Den Namen „Conseil“ hat Verne übrigens von seinem Bekannten, dem Ingenieur Jacques Francois Conseil, geborgt. Der Ingenieur Conseil hatte 1858 in Le Tréport sein 3-Tonnen-Tauchboot getestet, was Verne mit Sicherheit interessiert und inspiriert hat (s. Dehs 2005 S. 253).

Ned Land – Meisterharpunier

Ned Land, der „König der Harpuniere. Überaus gewandt, kaltblütig, tollkühn und listig zugleich“, ist äußerst geschickt im Umgang mit der Harpune. Etwa vierzig Jahre alt, hochgewachsen und kräftig gebaut wird er zudem als „ernst und verschlossen, zuweilen unbeherrscht“ charakterisiert. Anders als Aronnax und Conseil ist Land materiell orientiert, als Einziger ergänzt er immer wieder den pekuniären Wert eines Tieres. So stellt Verne das frankokanadische Raubein in einem eigenen Kapitel zu Beginn des Abenteuers vor. Wegen Lands französischer Vorfahren baut Aronnax schnell einen besonderen Draht zu dem Harpunier auf (s. Verne 2003, S. 39).

Die Imagination der Lesenden soll daraus einen anpackenden, zuverlässigen, tapferen Mann mit Muskeln, sowohl ernst als auch temperamentvoll, entstehen lassen. Als erfahrener Wal-Harpunier ist dieser genau der richtige Mann für die Jagd nach dem Meeresungeheuer. Sein scharfer Blick, seine Kraft und seine Bodenständigkeit sind die perfekte Ergänzung des Intellektuellen-Duos Prof. Aronnax und Conseil.

Aufgrund seiner großen Erfahrung im Walfang halten Aronnax und Kapitän Farragut viel von Lands Rat. Als sie die Identität des Angreifers diskutieren, wendet sich der Kapitän an den Harpunier:

„Ned Land, haben Sie schon oft Wale zischen gehört?“, fragt der Kommandant bei der Verfolgung des seltsamen Wesens.

„Ja, sehr oft, Kapitän, auch wenn es keine Wale waren, deren Sichtung allein mir zweitausend Dollar eingebracht haben“, antwortet Ned Land.

„Stimmt, Sie haben Anspruch auf die Belohnung. Aber sagen Sie: Ist dieses Geräusch identisch mit dem, das Walfische von sich geben, wenn sie Wasserfontänen durch ihre Spritzlöcher drücken?“

„[…] auch wenn das Geräusch, das wir gehört haben, ungleich lauter ist. Ein Irrtum ist ausgeschlossen. Das Tier […] muss irgendeine Art von Walfisch sein“ (Verne 2003, S. 60).

Da Land nicht den geringsten Zweifel an seiner Zuordnung des Angreifers ins Tierreich hat, stellt er sich selbst als Mann mit begrenztem Vorstellungsvermögen vor. Weiter fachsimpeln die

Protagonisten noch über die Gefahr, die von einem Tier dieser Größe ausgehen dürfte, und in der Imagination der Lesenden wächst das Meeresmonster ins Ungeheure.

Mit dem „Zischen" des Wals ist das prustende Ausatmen – oder Blasen – gemeint, mit dem ein Wal die Luft aus seinen Lungen über die auf dem Scheitel liegenden Nasenlöcher (=Blaslöcher) ausstößt. In kalten Gewässern kondensiert die warme Luft aus der Lunge und steht als Dampf über der Wasseroberfläche. Das stoßartige Ausatmen des ganzen Lungenvolumens ist ein hörbares Prusten, je nach Größe des Wals unterschiedlich laut. Dieser Blas ist das sichere Zeichen eines an der Oberfläche schwimmenden Wals; nach ihm halten Walfänger Ausschau. Je nach Größe und Art kann er mehrere Meter hoch sein und ist bis zu mittlerer Windstärke oft über die Wellen hinweg und mehrere Kilometer weit deutlich sichtbar.

Als raubeiniger Nordamerikaner entspricht Ned Land vielen Klischees; dazu gehören seine hemdsärmeligen Umgangsformen und die zupackende Art. Auch spricht er über Geld, was einem Intellektuellen und Gentleman wie dem Professor niemals einfallen würde.

Nicht akademisch gebildet, sondern aus der rauen Welt der Walfänger und Seeleute kommend, ist Land für Conseil und Aronnax ein wichtiger Gesprächspartner, um ihre Weisheiten loszuwerden und Theorien zu diskutieren.

Kapitän Nemo – Gegenspieler zwischen Genie und Wahnsinn

Der geheimnisvolle, düstere Kapitän Nemo ist Prof. Aronnax' genialer Gegenspieler. Pierre Aronnax macht sich immer wieder Gedanken über den Kapitän und sucht nach Hinweisen zur Klärung von dessen Herkunft und Beweggründen, scheitert aber jedes Mal. Offenbar beherrscht Nemo mehrere Sprachen, kennt sich in vielen Regionen der Welt aus und ist umfassend naturwissenschaftlich und kulturell gebildet. Weder seine Sprache noch sein Name „Nemo" – lat. „niemand" – geben einen Hinweis auf seine Herkunft. Der Name ist offenbar ein selbst gewählter „nom de guerre" (s. Verne 2003, S. 344). Nemo hat sich von der Gesellschaft losgesagt und lebt auf sich allein gestellt.

Er hat die *Nautilus* selbst konstruiert und ist auch bezüglich der laufenden Versorgung vollständig autark: Er versorgt sich und seine Mannschaft selbst mit Energie, Essen, Kleidung und Waffen aus dem Meer. Das exklusive Tauchboot ist bereits an sich ein immenser Wert, sowohl von der Ingenieursleistung her, als auch von der Ausstattung mit teuren Instrumenten, wissenschaftlichen Sammlungen und luxuriösen Interieurs.

Daneben verfügt der Kapitän über große materielle Reichtümer und ist damit finanziell vollständig unabhängig – im Tresor der *Nautlius* lagern Goldstücke im Millionenwert, geborgen von gesunkenen Schiffen. Bei einem Tauchausflug zeigt Nemo den staunenden Gästen Perlmuscheln, darunter eine gigantische Perle in einer Riesenmuschel. Er selbst gibt sich von diesen materiellen Schätzen vollständig unbeeindruckt, während Aronnax und Conseil staunen und der materiell veranlagte Land einiges an sich zu raffen versucht.

Neben seinem überragenden Intellekt zeigt Nemo auch körperlichen Einsatz und Mut: Beim Ausflug zu den Schatzkammern der Meere rettet er einen Perlentaucher vor einem Hai: Ohne Zögern und nur mit einem Dolch bewaffnet, stürzt sich der Kapitän auf den Hai, der sich gerade anschickt, den Perlentaucher anzugreifen. Auf seinen Mut angesprochen, deklamiert Nemo leidenschaftlich, dass er immer auf der Seite der Unterdrückten und Schwachen stehen würde. Allerdings macht er auch klar, dass er der Herr über Leben und Tod ist: Gegen angreifende „Wilde" setzt er die Elektrizität der *Nautilus* und Handwaffen ein (s. Verne 2003, S. 340).

Nemos Unberechenbarkeit trägt zu seiner Rätselhaftigkeit bei: Eben noch der zuvorkommende Gastgeber, gerät er urplötzlich in Wut. Dann lässt er die drei Helden überwältigen, betäuben und wegsperren. Die Gefährten bewundern und fürchten ihn gleichermaßen, ihre Position schwankt immer wieder zwischen Gästen und Gefangenen. Als Nemo schließlich die *Nautilus* für seinen persönlichen Rachefeldzug einsetzt, beschließen die Gefährten, sich durch Flucht seinem Wahnsinn zu entziehen (s. Verne 2003, S. 610).

Dem Briefwechsel zwischen Verne und Hetzel ist zu entnehmen, dass der Autor Nemo ursprünglich als polnischen Patrioten erdacht hatte, dessen Familie während des Aufstands von 1863 von russischen Truppen ermordet wurde. Verbittert und voller Hass, vor allem auf Russen, verlief dann Nemos weiteres Leben. Das Kriegsschiff, das er vor den Augen des entsetzten Heldentrios versenkt, sollte ursprünglich ein russisches Schiff sein. Hetzel befürchtete allerdings einen diplomatischen Eklat in einer ohnehin angespannten Situation zwischen den Großmächten Frankreich und Russland: „Daraus ergaben sich die etwas nebulösen Rachemotive des Kapitäns und das Rätselraten um das versenkte Kriegsschiff" (Junkerjürgen 2018).

Hetzel hätte Kapitän Nemo und seine selbst gewählte Einsamkeit auf den Meeren am liebsten in den Dienst einer wichtigen, übergeordneten Sache gestellt, etwa als Kämpfer gegen den Sklavenhandel. Verne wandte dagegen ein, dass der Sklavenhandel längst abgeschafft sei und dieser Anachronismus nicht zu den technischen Neuerungen der *Nautilus* passen würde. So bleiben Nemos Beweggründe für seine Weltabgewandtheit unerklärt.

Gerade dieses Geheimnisvolle macht Nemo bis heute zu einer außergewöhnlichen Figur und lässt den Lesenden viel Interpretationsspielraum. Der Kapitän wird dadurch zeitlos.

Frauen

„Ah! Women and young girls, how incomprehensible are your feminine hearts!
When you are not the timidest, you are the bravest of creatures."
Jules Verne: *Journey to the Center of the Earth*

Frauengestalten kommen in den *Außergewöhnlichen Reisen* selten vor und noch seltener als handelnde Hauptperson; damit entsprechen die Romane dem damaligen Zeitgeist. Die von den Republikanern 1882 eingeführte Schulpflicht galt für Jungen und Mädchen. Die Erziehung höherer Töchter sollte diese allerdings nicht auf geistige und finanzielle Unabhängigkeit vorbereiten, sondern auf ihre Rolle als Mutter und Hausfrau im Sinne einer Haushaltsmanagerin. Ein Familienhaushalt mit der nötigen Vorratswirtschaft und den Hausangestellten war zu diesen Zeiten wesentlich komplexer zu organisieren und zu lenken.

Bei aller Modernität sind die französischen Republikaner in diesem Punkt doch recht traditionell geblieben. Die Marianne, die den Revolutionären vorweg den Angriff auf das alte Regime führte, war nur eine Allegorie, und die weiblichen Revolutionärinnen konnten das alte Geschlechterklischee nur unwesentlich verändern.

Wenngleich Verne intelligente und unabhängige Frauen gekannt hatte, haben diese doch wenig Eingang in die meisten seiner Romane gefunden. Auch zu Vernes Zeit gab es bereits einige starke Frauen, die durch die Welt reisten, Abenteuer erlebten und darüber schrieben, wie etwa die aus Österreich stammende Weltreisende Ida Pfeiffer (1797–1858), die als erste Europäerin das Innere der Insel Borneo durchquerte und eine erfolgreiche Reiseschriftstellerin war. Oder die britische Forschungsreisende und Reiseschriftstellerin Isabel Burton (1831–1896), die mit dem Abenteurer Richard Burton verheiratet war und den Amazonas, die arabischen Wüsten und andere abgelegene Gegenden bereiste.

Verne hatte auch George Sands Werke gelesen und stand mit ihr in Korrespondenz (s. Dehs 2005, S. 39). Hetzel hatte zu ihr ein freundschaftliches Verhältnis und verlegte einige ihrer Bücher. George Sand war eine französische Autorin, die unter männlichem Pseudonym schrieb. Bei ihren Zeitgenossen rief sie aufgrund ihrer unbequemen Gesellschaftskritik sehr ambivalente Reaktionen hervor. Interessant ist, dass Verne für seine *Reise zum Mittelpunkt der Erde* offenbar einige Inspirationen aus Sands phantastischem Roman *Laura. Voyage dans le cristal* (1864) übernommen hat und trotzdem bei der Überzeugung blieb, dass Schriftstellerei Männersache sei (s. Junkerjürgen 2018, S. 78).

Das entspricht dem damaligen Frauenbild in Europa. Die Männer gaben vor, damit keinesfalls Frauen herabwürdigen zu wollen, sondern ihnen vielmehr ihre „naturgegebene Weiblichkeit" zu bewahren und sie vor zu großer Anstrengung zu schützen. Dafür konstruierten Gelehrte sogar pseudowissenschaftliche Begründungen, wie die folgenden Zitate zeigen:

„Den Frauen gelehrte Bildung zu geben, ist meiner Anschauung nach eine Erniedrigung der Frauen aus einer viel edleren Sphäre heraus, und neben der Verschraubung der Frauen zugleich eine Beraubung der Männer, die in ihrer eigenen Wissensplackerei darauf angewiesen sind, eine Erquickung an der ungelehrten Art und eben deshalb sehr oft klügeren oder weiseren Frau zu haben" (Nathusius 1871).

„Der weibliche Organismus ist zarter als der männliche und bedarf eines höheren Maßes an Schonung. Soll aber wissenschaftliche Tüchtigkeit erworben werden, so ist eine angestrengte Arbeit unerlässlich. Welche Verwüstung der Gesundheit des weiblichen Geschlechts wird die Folge sein, wenn es sich einer ernsten wissenschaftlichen Arbeit unterziehen würde! Ja es kann die Frage aufgeworfen werden, ob nicht schon die Forderungen, die gegenwärtig an die weibliche Jugend gestellt werden, ihrer körperlichen Entwicklung schaden bringen" (Jacobi 1871).

Diese Behütung galt selbstverständlich nur Frauen aus wohlhabenden Haushalten. Dass Frauen einfacher Geburt, ohne Vermögen und begüterte Beschützer, als Hausangestellte auf dem Land oder in Bergwerken Knochenarbeit leisten mussten, blieb dabei außen vor.

Die im indischen Dschungel gerettete junge Witwe Aouda in *In 80 Tagen um die Welt* – sie sollte ihrem toten Gatten in den Tod folgen und lebendig verbrannt werden – und die Liebesgeschichte in *Die 500 Millionen der Begum* sind romantische Ausnahmen der *Außergewöhnlichen Reisen*. Schließlich durften in einer Buchreihe, die jugendliche Leser als Zielgruppe hatte, keine erotischen Verwicklungen oder andere, zu starke Emotionen auftauchen.

Dehs schreibt zur Darstellung von Frauen in den *Außergewöhnlichen Reisen*, Verne habe Frauen ihrer sozialen Stellung und den Gepflogenheiten der Zeit entsprechend dargestellt und in den Werken von Karl May, Herman Melville, Jack London und J. F. Cooper sei es genauso (s. Dehs 2005, S. 107). Dann zählt er einige Ausnahmen auf, in denen Verne weibliche Entdeckungsreisende wie Pauline Barnett (*Das Land der Pelze*), die Freiheitskämpferin Andronika (*Der Archipel in Flammen*) oder die Touristin Helena Campbell (*Der Grüne Strahl*) als Protagonistinnen erschaffen hat.

In Vernes erst spät entdeckter und publizierter Dystopie *Paris im 20. Jahrhundert* hingegen spricht sich der Autor vehement, teils in Tiraden gegen selbständige Frauen aus. Sein Held Michel beklagt, in Frankreich seien keine echten Frauen unter 95 Jahren mehr zu finden. Die Pariserinnen entwickelten sich zu Amerikanerinnen

– schlecht gekleidet und ohne Geschmack. Das führe zu einer niedrigeren Geburtenrate, berufstätigen Frauen und mehr illegitimen Kindern. Ein sexistischer und gleichzeitig nationalistischer Ausfall, der für Vernes Werk ungewöhnlich bleibt (s. Patel 1994).

Weibliche Abenteurerinnen erschienen damals offenbar fantastischer als eine Reise zum Mond oder eine Insel mit Propellerantrieb. Entfesselte Frauen mit Expeditions-Attitüden hätten die männliche Leserschaft möglicherweise als Stubenhocker deklassiert und zu sehr erschreckt.

„Wilde" – das Absprechen von Kultur

Ein Aspekt, der beim Lesen der Romane aufstößt und nur aus dieser Zeit heraus zu erklären ist, ist die unverhohlene Wiedergabe der rassenkundlichen „Forschungsergebnisse", die auf der Basis von Hautfarbe, Schädelvermessung und anderen körperlichen sowie kulturellen Aspekten konstruiert werden. Die Be- oder eher Verurteilung von Menschen anhand der pseudowissenschaftlichen Physiognomik und Phrenologie waren damals allgemein gebräuchlich, so fließen sie auch immer wieder in Vernes Beschreibungen von Menschen ein, wie etwa beim ersten Zusammentreffen des Ich-Erzählers mit zwei Besatzungsmitgliedern der *Nautilus* (s. Verne 2003, S. 84–86).

Beim Durchqueren der Torres-Straße bleibt die *Nautilus* in Felsen und Korallenriffen stecken. Diese Zwangspause dürfen Prof. Aronnax, Conseil und Ned Land zu einem Landgang auf einer Insel nutzen. Sie pflücken Kokosnüsse und exotische Früchte und schießen ein Schwein, Kängurus sowie Tauben, bis schließlich die Bewohner der Insel auftauchen und die Eindringlinge mit Steinwürfen verjagen. Die Protagonisten flüchten vor den wütenden

Inselbewohnern zurück auf die *Nautilus* und warnen Nemo vor einem Angriff. Der reagiert daraufhin, ganz anders als erwartet, mit den Worten:

„‚Wilde!', versetzte der Kapitän ironisch.

‚Wundern Sie sich etwa, dass Sie auf Wilde stoßen, sobald Sie einen Fuß an Land setzen? […] Und im Übrigen: Sind die, die Sie als Wilde bezeichnen, etwa schlimmer als die anderen?'" (Verne 2003, S. 259).

Als wenig später wütende Eingeborene versuchen, ins Tauchboot einzudringen, verteidigt Kapitän Nemo sein Schiff, indem er das Geländer um das Oberdeck elektrisch auflädt – die Stromstöße vertreiben die Angreifer erfolgreich. Danach diskutieren Kapitän Nemo und Professor Aronnax zivilisiertes Verhalten und das Recht auf Selbstverteidigung der Inselbewohner. Dabei konfrontiert Nemo Aronnax mit einer unerwarteten Perspektive und versetzt dessen selbstherrlich demonstrierter Überlegenheit einen Dämpfer. Aronnax steht dabei für das Denken der meisten Europäer und die Grundlage des kolonialen, überheblichen Selbstverständnisses, während Nemo eine Außensicht vorstellt.

Auch wenn Frankreich und die Vereinigten Staaten Vorreiter in der Erklärung der Menschenrechte waren – 1789 verlas die französische Nationalversammlung die Erklärung der Menschen- und Bürgerrechte, 1789 fand im amerikanischen Kongress die Deklaration der Bill of Rights statt – gestanden sie diese Rechte keinesfalls jedermann zu. Die Menschenrechte und die Bürgerrechte in Europa und Nordamerika galten in erster Linie für Männer mit weißer Hautfarbe. Bei Vernes Geburt war der Sklavenhandel in Europa zwar abgeschafft, aber immer noch präsent; Frankreich war bis 1793 am transatlantischen Sklavenhandel beteiligt, der wichtigste Umschlaghafen war Vernes Heimatstatdt Nantes.

Die sogenannte Rassenkunde der 1930er-Jahre ist keinesfalls aus dem Nichts entstanden und war auch keine deutsche Spezialität, wenngleich die Nationalsozialisten sie mit einer nie dagewesenen menschenverachtenden Konsequenz umgesetzt haben.

Die damals gerade entstehende Ethnologie basierte auf solchen rassenkundlichen Vorannahmen und war immer wertend. Die vermeintlich höherwertigen „Rassen" der westlichen, industrialisierten Welt nahmen sich mit der Abwertung anderer Menschengruppen die Freiheit, deren Kulturen und Territorien nicht zu akzeptieren, sondern ihnen stattdessen mit der Eroberung von Territorium und Bevölkerung die vermeintlich richtige Kultur und Religion beizubringen. Dafür sollten diese dann bei ihrer eigenen Ausbeutung mithelfen. Die geographischen Expeditionen und „Eroberungen" zu Vernes Zeit beschreiben auch immer wieder den Kolonialismus und seine Auswüchse.

Mit dem Vermessen und Dokumentieren tilgten vor allem europäische Forschungsreisende die letzten „Weißen Flecken" auf ihren Land- und Seekarten. Mit der Text- und Bilddokumentation versuchten sie sich die Wildnis und fremde Zivilisationen untertan zu machen und akzeptierten keine anderen Kulturleistungen als gleichwertig.

Bezeichnend für diese Haltung ist der Begriff der Hochkultur. Laut Wikipedia wurde dieser „in der zweiten Hälfte des 19. Jahrhunderts geprägt. Damals nahm man im Rahmen des Evolutionismus an, es gebe eine annähernd gesetzmäßige Abfolge kultureller Hervorbringungen, wobei die Entwicklung stets vom Einfachen zum Komplexen führe. In diesem Entwicklungsschema bezeichnete man das höchste Stadium der Komplexität einer Gesellschaft als ‚Hochkultur'. [...] In der Geschichtswissenschaft spricht man zwar weiterhin von Hochkulturen, aber ohne den früheren kulturevolutionistischen Hintergrund und die damit verbundenen Bewertungen im Sinne

‚höherer' und ‚niederer' Entwicklungsstufen" (Wikipedia: Hochkultur). Die wertende bzw. abwertende Betrachtung wird heute als neoevolutionistisch im Sinne von Sozialdarwinismus abgelehnt.

Die Unterteilung in „zivilisiert" und „nicht-zivilisiert" ist ein typisches Merkmal der Kolonialzeit. „Zivilisiert" ist, wer Kleidung trägt und sich nach europäischen Vorstellungen gebildet kultiviert benimmt. Wer keine Kleidung oder nicht die richtige trägt, weniger akzeptierte Manieren hat, nicht über Buchwissen verfügt und zudem „heidnischem Aberglauben" statt der christlichen Religion anhängt, muss nach dieser ohne Kultur sein. So konnten die Kolonialherren die Kolonialisierung bequem damit begründen, die sogenannten Wilden zu „zivilisieren" und ihnen die „Segnungen" der Hochkultur und des Christentums zu überbringen.

Junkerjürgen beschreibt diesen Zivilisationskonflikt am Beispiel einer Szene aus *Fünf Wochen im Ballon*: Der Protagonist Fergusson rettet in Afrika einen Missionar. Dieser Konflikt verweist unmittelbar auf die anthropologischen Diskussionen des 19. Jahrhunderts (s. Junkerjürgen 2018, S. 65).

Dehs befindet den Rassismus in Vernes Werk als wenig gravierend: „Vernes zweifellos vorhandener Rassismus [ist] vor dem zeitgenössischen Hintergrund jedoch moderat" (Dehs 2005, S. 171).

Es mag sein, dass Verne für seine Zeit seinen Protagonisten eine sehr gemäßigte rassistische Haltung zuschrieb. Aber genau diese selbstverständliche Herablassung ist in unserer Zeit nicht mehr zeitgemäß. Verne wird oft als Jugendbuch empfohlen. Jugendliche könnten jedoch diesen zeitgenössischen Hintergrund noch nicht kennen und sind, aufgewachsen in einer meist multikulturellen Gesellschaft, gegenüber dem Thema auch deutlich sensibler.

Die auf den Tod des Afroamerikaners George Floyd folgenden massiven Proteste gegen den allgegenwärtigen Rassismus in den

USA, Europa und anderswo zeigen, dass dieser heute nicht mehr akzeptabel ist.

Auch der Streit um afrikanische Beutekunst markiert einen Schritt, sich vom historischen Kolonialismus und Unrecht zu distanzieren – so wird etwa die Bundesrepublik Deutschland die Ende des 19. Jahrhunderts im Königreich Benin geraubten Benin-Bronzen an Nigeria zurückgeben.

Vielleicht ist es an der Zeit, auch unser europäisches literarisches Erbe daraufhin kritisch zu überdenken – etwa durch einen ergänzenden Kommentar in älteren Jugend- und Kinderbüchern. Außerdem sollten wir den Kanon der Jugend- und Kinderliteratur und auch Vernes Werk unter diesen Aspekten überdenken, denn die globalisierte, internationalisierte Gegenwart unterscheidet sich stark von der Welt der Kindheit von Menschen jenseits der vierzig. So ist Vernes Werk in der Originalfassung heute eher eine nostalgische Erinnerung älterer Semester an ihre eigene Kindheit und eine Welt, die es so nicht mehr gibt, mit dem Feelgood-Charakter eines unbedingten positiven Fortschrittsglaubens und klarer Ordnung. Vernes „Wilde" sind jedenfalls nicht mehr zeitgemäß.

Die Natur als eigenständige Akteurin

Naturkatastrophen wie ein Vulkanausbruch oder ein Mahlstrom retten Vernes und Hetzels Helden aus scheinbar unüberwindbaren Schwierigkeiten. Ein stilistischer Kunstgriff, der die Helden nach einer grandiosen Eskalation und Klimax schnell und ohne Begründungen wieder nach Hause bringt (s. Dehs 2005, S. 163).

In *20.000 Meilen unter den Meeren* hilft die Natur gleich zweimal als wesentliche Akteurin der Story auf die Sprünge: Zu Beginn des Abenteuers wäscht beim Zusammentreffen mit dem Meeresmonster eine gewaltige Welle Prof. Aronnax, Conseil und Ned Land ins Meer, sodass sie sich auf ihren stählernen Angreifer retten. Mit der Öffnung eines Türchens ins Innere gelangen sie dann in die *Nautilus*.

Zum Ende hin nimmt das submarine Abenteuer noch einmal an Spannung und Action zu: Beim Abstecher zum Südpol müssen die Helden sich im Wettlauf gegen den Einbruch der Polarnacht behaupten – Kapitän Nemo braucht unbedingt die Sonnenposition, um den geographischen Südpol mit dem Sextanten bestimmen zu können. Erst mit dem letzten Lichtstrahl gelingt ihm das, dann verbirgt das Dunkel der Polarnacht die Sonne für Monate. Beim Verlassen der polaren Gewässer wird das Tauchboot dann noch unter Wasser im Eis eingeschlossen. Die ganze Mannschaft inklusive des Kapitäns und der drei unfreiwilligen Gäste hackt den Weg frei, denn der Sauerstoff wird knapp. Wieder gelingt die Rettung knapp.

Zum ganz großen Finale verhilft die Natur den drei Abenteurern zu ihrer Flucht aus den Händen des wahnsinnigen Kapitäns Nemo: Die Kräfte des Mahlstroms spülen die Helden von der Nautilus bis in eine norwegische Fischerhütte. Wieder verschleiert die Bewusstlosigkeit den genauen Hergang und erlaubt einen abrupten Szenenwechsel zum glücklichen Ende. Diese Idee hat Verne bei der Lektüre von Edgar Allan Poes Kurzgeschichte *Ein Sturz in den Malstrom* „entliehen".

Der Mahlstrom – auch Malstrom, Maelstrom oder Moskenstraumen genannt – ist die starke Gezeitenströmung zwischen den nordnorwegischen Lofoten-Inseln Moskenesøy und Værøy. Durch den schnellen Austausch großer Wassermassen durch eine enge Stelle zwischen den felsigen Inseln ist dieser Gezeitenstrom einer der stärksten der Welt und bildet außergewöhnlich viele und starke Wirbel. Gleichzeitig führen der schnelle und große Wasseraustausch sowie ein Ausläufer des Golfstroms zum großen Fischreichtum um die Lofoten. Darum ist an dieser Stelle trotz der Gefahren des Seegebiets schon immer gefischt worden und zwangsläufig sind dabei auch viele Fischer und Seeleute umgekommen. Der Mahlstrom wurde erstmals in der im 13. Jahrhundert aufgeschriebenen skandinavischen Sagen- und Mythensammlung *Edda* schriftlich erwähnt. So ist der Name aus dem Altisländischen heute zum feststehenden Begriff für die Naturerscheinung geworden.

Die Natur ist bei Verne immer zur Stelle, wenn die Dramaturgie einen Kick oder eine schnelle, entscheidende Wendung braucht. Diesen gewaltigen Kräften sind sogar die heroischen Akteure mit ihrer genialen Technik hilflos ausgeliefert. So lässt der französische Autor die Natur immer wieder zur eleganten Abkürzung seiner Geschichten auftreten – als Sturm, Welle, Vulkanausbruch oder ozeanischen Wirbel. In einem blitzschnellen Szenenwechsel kommen die Akteure aus tiefer Bewußtlosigkeit wieder zu sich, selbstverständlich unverletzt, etwas außer Atem und bestenfalls durchweicht oder verstaubt.

Allerdings macht Verne sich nicht Michelets organismische Interpretation der Natur (s. Michelet 2006, S. 47) zu eigen, sondern lässt sie sachlich und unpersönlich agieren, wie von einer höheren Macht bestimmt. Diese Methode hat er sich offenbar bei J. F. Cooper abgeschaut, der auch damit neue Maßstäbe für die Jugendliteratur gesetzt hatte (s. Dehs 2005, S. 26).

Naturwissenschaftler, ihre Werke und Ideen

Verne kannte die wichtigsten Naturwissenschaftler seiner Zeit und war zumindest grob vertraut mit ihren Forschungsgebieten. Dieses Wissen zeigt Prof. Aronnax, als er sich beeindruckt in Nemos Bibliothek umschaut, inmitten des Bestands aus Naturwissenschaft, schöngeistiger Literatur und Philosophie: „Doch den eigentlichen Reichtum der Bibliothek machten die bedeutenden naturwissenschaftlichen Werke aus. Abhandlungen über Mechanik, Ballistik, Hydrographie,

Meteorologie, Geographie, Geologie und so weiter waren in nicht unbeträchtlicher Menge enthalten“ (Verne 2003, S. 119). Daraus schlussfolgert er, dass Kapitän Nemo offenbar an Naturwissenschaften besonders interessiert und darin versiert sein müsse. Dabei zählt Aronnax per Namedropping die wesentlichen Wissenschaftler seiner Zeit auf, die er auch später immer wieder zitiert (s. Verne 2003, S. 120).

Aufgrund der Bedeutung dieser Gelehrten für die Entwicklung der Wissenschaft in Vernes Zeit und zum besseren Verständnis einiger damals üblicher Meinungen und Vorstellungen seien diese Personen hier kurz vorgestellt:

Der deutsche Ausnahmegelehrte **Alexander von Humboldt** (1769–1859) schuf mit seinem unermüdlichen Werk in sieben Jahrzehnten einen neuen Wissens- und Reflexionsstand des Wissens von der Welt und glänzte in Zoologie, Botanik, Geologie, Ozeanographie, Geographie und zahlreichen anderen Disziplinen gleichermaßen. Mit seiner umfassenden Korrespondenz baute er ein internationales Forschungsnetzwerk auf und unternahm außerdem selbst strapaziöse Expeditionen in den Amazonas-Regenwald und nach Zentralasien. Durch seine Publikationen und Vorträge war er bereits zu Lebzeiten eine Legende.

Der französische Astronom, Physiker und Politiker **Dominique Arago** (1786–1853) lebte, forschte und lehrte in Paris, u. a. zum Erdmagnetismus. Magnetismus war *ein* „heißes“ Thema, sowohl in der Wissenschaft als auch zum Freizeitvergnügen.

Der Pariser Physiker **Léon Foucault** (1819–1868) beschäftigte sich u. a. mit Elektromagnetik und Astrophotographie und veranschaulichte mit seinem berühmten Pendel-Versuch die Erdrotation.

Der französische Chemiker **Henri St. Claire Deville** (1818–1881) lehrte in Paris und stellte u. a. erstmals Aluminium her.

Der renommierte französische Zoologe und Direktor des Pariser Naturkundemuseums **Henri Milne-Edwards** (1800–1885) hatte sich auf Krebse spezialisiert, aber auch andere wirbellose Meerestiere erforscht; seine Arbeitsschwerpunkte waren die vergleichende Anatomie und Physiologie.

Der französische Mediziner, Zoologe und Anthropologe **Jean de Quatrefages de Bréau** (1810–1892) führte ethnologische und zoologische Studien durch, u. a. zur Rassenlehre.

Der englische Naturwissenschaftler, Vermesser und Bergpionier **John Tyndall** (1820–1893) erforschte Gletscherbewegungen und Sauerstoff und diskutierte die Veränderung der Konzentration von Wasserdampf und Kohlendioxid als Ursachen des Treibhauseffekts. Daneben erfand er ein Verfahren zur Sterilisierung von Lebensmitteln und das Gastroskop für Magenuntersuchungen.

Schwerpunkte des englischen Naturforschers und herausragenden Experimentalphysikers und -chemikers **Michael Faraday** (1791–1867) waren Magnetismus und Elektrizität. Seine Theorie zum Elektromagnetismus begründete den neuen Zweig der Elektroindustrie. Er entdeckte mehrere neue Kohlenwasserstoffe sowie die Elektrolyse und vermittelte seine Neuentdeckungen in Weihnachtsvorlesungen. Daneben arbeitete er für die britische Regierung und bildete Kadetten der Royal Navy naturwissenschaftlich aus.

Der französische Chemiker, Wissenschaftshistoriker und Politiker **Marcelin Berthelot** (1827–1907) lebte und forschte in Paris.

Der italienische Jesuit, Physiker und Astronom **Abbé Angelo Secchi** (1818–1878) leitete die Vatikan-Sternwarte und war der Pionier der Spektralanalyse von Sternen.

Der deutsche Geograph **August Petermann** (1822–1878) war einer der bekanntesten Geographen und Kartographen des 19. Jahrhunderts. Er gründete *Petermanns Geographische Mitteilungen*, eine wichtige deutschsprachige wissenschaftliche Fachzeitschrift für Geographie, und initiierte die beiden ersten deutschen Nordpolarexpeditionen 1868 und 1869/70.

Der US-Amerikaner **Matthew Fontaine Maury** (1806–1873) war zunächst Marineoffizier und baute später maßgeblich die physikalische Ozeanographie auf, u. a. erstellte er aus Schiffs-Logbüchern erstmals Karten mit Angaben zu Winden, Strömungen, Tiefen und Walwanderungen. Gerade Logbücher von Seeoffizieren und Walfang-Kapitänen enthielten wichtige zusätzliche Bemerkungen zu Wind- und Strömungsverhältnissen, Tiefen und anderen ozeanographischen Parametern.

Der schweizerisch-amerikanische Naturforscher **Louis Agassiz** (1807–1873) war ein Experte für Ichthyologie (Fischkunde) und Meeresbiologie auch tieferer Gewässer. Er revolutionierte die zoologische Lehre, indem er seine Studierenden die lebende Natur untersuchen ließ, und setzte sich für die Einrichtung einer meeresbiologischen Forschungsstation ein. Darwins Evolutionstheorien lehnte er bis zuletzt ab und wandte sich vor allem in seiner Zeit in den USA auch der Rassenlehre zu. Nach ihm ist ein wichtiges Forschungsschleppnetz benannt, das Agassiz-Trawl, das bis heute in der Meeresbiologie eingesetzt wird.

Flora und Fauna in Vernes submarinem Garten Eden

Verne schrieb vor 150 Jahren auf dem Stand der Wissenschaft und mit – für einen nicht biologisch ausgebildeten Autor – einer beeindruckenden Kenntnis der Ozeanologie.

Er beschreibt die Ozeane als Orte der Fülle: Die Protagonisten fahren durch einen submarinen Zoo und wissen kaum, wohin sie zuerst schauen sollen. Solche Ansammlungen einer Vielzahl von Arten und Individuen wie im Buch geschildert kommen im offenen Meer in Wirklichkeit nur recht selten vor, nur an Hotspots der

Biodiversität. Stattdessen herrscht in manchen Regionen eine solch dünne Besiedlungsdichte oder sogar gähnende Leere, dass Unterwasser-Touristen wahrscheinlich sehr enttäuscht wären.

Conseil rapportiert als Lexikon auf zwei Beinen gern, oft und ausführlich sein auswendig gelerntes Wissen der Systematik aus dem Gedächtnis. Der pragmatische Ned Land wirft praktische Tipps zum Erlegen und Verwenden der gesichteten Kreaturen sowie kulinarische und abenteuerliche Erfahrungsberichte ein. Prof. Aronnax ergänzt akademisches Wissen und Betrachtungen der Naturphilosophie sowie ihrer Ästhetik und Kapitän Nemo steuert noch manch ungewöhnliche Anwendung oder Anekdote bei. So begleitet der Leser die Helden hautnah auf ihrer submarinen Safari, lernt die Verteilung der Organismen und ihre Systematik kennen, erfährt Details aus dem Leben der Geschöpfe des Ozeans und erlebt durch ihre Augen die fremde Unterwasserwelt. Manche Passagen der Tauchfahrt aus diesem vorvorletzten Jahrhundert wirken heute antiquiert oder irritierend auf uns, andere sind überraschend zeitlos. Auf jeden Fall sind sie Meilensteine auf dem Weg zu unserem heutigen Forschungsstand und unserer Kenntnis der Ozeane.

Vernes großer Meeresroman reflektiert das Verhältnis von Mensch und Natur seiner Zeit. Seitdem hat sich unser Verständnis der natürlichen Vielfalt geändert. Mit jedem Jahrzehnt wurde und wird deutlicher, dass die Meere eben keine so unendlichen Ressourcen sind, wie es im 19. Jahrhundert den meisten Menschen noch erschien. Seit etwa 1950, als nach dem Ende zweier verheerender Weltkriege die Ausbeutung der Natur wieder in vollem Umfang aufgenommen wurde, ist deutlich geworden, dass die Meeresressourcen alles andere als unendlich sind. So entstand in den folgenden Jahrzehnten der immer lautere Ruf nach dem Schutz der Meere und ihrer Geschöpfe. Leider steht es trotz vieler Gesetze und Erklärungen nicht gut um den Meeresschutz; die menschliche Nutzung hat viele Meeresgebiete verwüstet und ihr Leben reduziert, teilweise sogar ausgerottet. Schifffahrt, Fischerei, Klimakrise und Verschmutzung mit Abwässern, Toxinen und Lärm bekommen vielen Meeresbewohnern schlecht.

Als leidenschaftliche Meeresbiologin und Meeresschützerin möchte ich Vernes Biologie-Passagen mit aktuellem Wissen einordnen und ergänzen.

Meeres-„Pflanzen“: von großen und kleinen Algen und Seegräsern

Algen entstanden im Dunkel der Urzeit im Wasser, lange bevor die ersten Landpflanzen das Festland eroberten. Da sie ihre Energie auch durch Photosynthese aus Sonnenlicht gewinnen, wurden sie bis vor wenigen Jahrzehnten als Pflanzen klassifiziert. Erst neue Ergebnisse der Physiologie, Molekularbiologie und Evolutionsforschung haben erbracht, dass sie evolutiv einen ganz eigenen Weg gegangen sind und sich von Pflanzen zu stark unterscheiden. Darum bezeichnen Algenexperten sie mittlerweile als „photosynthetisch aktive Organismen“.

Die Unterteilung in die winzigen, meist einzelligen Mikroalgen und die größeren Makroalgen war zu Michelets und Haeckels Zeiten bereits üblich. Algen leben grundsätzlich im Wasser und feuchten Umgebungen; im Weiteren soll es aber nur um die Meeresbewohner gehen.

Garantiert hat Verne sich bei der Beschreibung der Algen von Michelets *La Mer*, Haeckels Forschungen und populären Abbildungen sowie weiteren zeitgenössischen Quellen inspirieren lassen.

Michelet beschrieb auch schon Einzeller, die sich weder eindeutig Pflanzen noch Tieren zuordnen lassen, sondern Eigenschaften von beiden haben. Diese lange als Blaualgen bekannten Lebensformen werden heute als Cyanobakterien außerhalb der Algen eingeordnet.

Der deutsche Biologe Ernst Haeckel war von den Formen und der Fremdartigkeit der großen und kleinen Grün-, Rot- und Braunalgen fasziniert, seine detaillierten und künstlerisch ansprechenden Abbildungen in seinem Werk *Art Forms in Nature* haben bis heute nichts von ihrem Zauber eingebüßt und werden immer noch verlegt.

Die grundlegende Bedeutung der Algen für die marinen Ökosysteme war damals noch nicht erfassbar, die marine Ökologie mit ihren komplexen Zusammenhängen entwickelte sich gerade erst allmählich als eigene Forschungsdisziplin. Ökologische Forschung basiert auf Beobachtungen und Statistik sowie Experimenten. Erst die Entwicklungen in der Aquarientechnologie ermöglichten dann erste Feldstudien und Einblicke in die Lebensweise von Arten und ihren Beziehungen zueinander. Die Einrichtung von meeresbiologischen Stationen erlaubte dann die Erforschung lebender Systeme – da hatte der Naturphilosoph Michelet sein pathetisches Werk *La Mer* aber längst geschrieben.

Michelet lobt diese kleinen Organismen für ihre Harmlosigkeit – zu Unrecht, wie wir heute wissen. Manche Cyanobakterien und einzellige Algen wie die gepanzerten Dinoflagellaten (Panzergeißler) produzieren tödliche Gifte. Bei starker Erwärmung der Meeresoberfläche vermehren sie sich massenhaft und können dann als Giftalgenblüte oder „Rote Flut“ (Red Tide) große Teile der Meeresfauna vernichten. Ihre potenten Toxine lähmen das Nervensystem vieler Tiere und verursachen dadurch regelmäßige Massensterben von Muscheln, Fischen, Vögeln und Meeressäugern. Solche Giftalgenblüten können ganze Lachs- oder Muschelfarmen verwüsten, wie etwa vor der Bretagne oder vor Chile. Im Pazifik haben sie bereits mehrere Bartenwal-Massensterben verursacht: 2016 verendeten über 330 Seiwale – mittelgroße Bartenwale – an den chilenischen Küsten und 2015 viele Buckelwale vor Alaska. Manche der kleinen Algen haben also sehr wohl auch negative Seiten mit erheblicher Zerstörungskraft.

Heute wissen wir: Die mikroskopisch kleinen, meist einzelligen Mikroalgen sind als Phytoplankton die Basis der Nahrungskette unserer Meere. Vor allem in den Polarsommern erreichen sie unter der ganztägigen Sonneneinstrahlung enorme Konzentrationen und sind die Nahrungsquelle vieler Tiere des Zooplanktons, etwa des antarktischen Krills, der wiederum die Nahrungsgrundlage großer Bestände von Fischen, Pinguinen, Robben und Bartenwalen bildet. Außerdem produzieren die meist grünen Winzlinge schätzungsweise 50 Prozent des Sauerstoffs unserer Erdatmosphäre. Bei der Photosynthese nehmen sie Kohlendioxid auf und geben Sauerstoff als „Abfallprodukt" wieder ab – dadurch sind sie eine wichtige Größe im Klimaschutz.

Mikroalgen werden heute im großen Maßstab industriell produziert und genutzt – vom Nahrungsergänzungspräparat über Cellulose bis hin zum Biokraftstoff. Filter aus Diatomeen (Kieselalgen) filtern Trübstoffe aus Bier und die Grünalge *Spirulina* wird in Tablettenform, angereichert mit Eisen oder anderen Stoffen, zur Superfood-Nahrungsergänzung. Außerdem werden sie in großen Mengen in pharmazeutischen oder kosmetischen Produkten verarbeitet.

Makroalgen hingegen sind größere Grün-, Rot- und Braunalgen und meist fest am Boden verankert. Große Exemplare sind Tange; sie wurzeln auf festem Untergrund und säumen die felsigen flachen Bereiche der kühl-gemäßigten Breiten, wie dem europäischen Kontinentalsockel im Nordatlantik.

Wenn es ihnen kühl genug ist, bilden sie märchenhafte, ausgedehnte Unterwasserwälder. In Frankreich siedeln größere Tangbestände vor allem an der Bretagne-Küste, die Michelet und Verne mit Sicherheit kannten. In Gezeitentümpeln oder von Booten aus kann man dort im klaren Wasser durch die glitzernden Wellen die Vielfalt der Seetange und ihrer Bewohner beobachten. Die Fremdartigkeit der Tange und ihre anmutigen Bewegungen im Spiel der Wellen haben eine märchenhafte Ästhetik. Sie bilden eigenartige Unterwasserdickichte und -wälder, in denen sich die bunten Meeresbewohner verstecken oder gegenseitig jagen. Als Hotspot der Biodiversität und natürlicher Küstenschutz wird ihr ökologischer Wert heute sehr hoch eingeschätzt.

Ob Verne sie dort auch als Lebensmittel probiert hat, vermag heute niemand zu sagen. Auf jeden Fall können sie keine große Bedeutung gehabt haben, sonst wären sie in seinem Werk nicht so unterrepräsentiert.

Weiter berichtet Michelet noch über ein pikantes Thema, nämlich die Vermehrung der Großalgen mit ihrem Generationswechsel. Schwülstig beschreibt er ihre Fortpflanzung als die „dritte frappierendste Eigenart", das „ausgeprägteste Liebesleben" und ihre „sonderbaren Fortpflanzungsmetamorphosen": „So treten die Algen in ihrem geheiligten Moment aus ihrem pflanzlichen Dasein heraus; sie usurpieren eine höhere Lebensform und streben danach, Tiere zu werden" (Michelet 2006, S. 98). Eine eher philosophische als biologische Betrachtung, die mehr irritiert als erklärt.

Der Wechsel zweier Generationen aus so unterschiedlich aussehenden Erscheinungsformen wirkt aus menschlicher Sicht rätselhaft. In der prüden Gesellschaft dieser Zeit war die Beobachtung der Fortpflanzung zu wissenschaftlichen Zwecken ein besonders großes Amüsement und brachte den biologischen Forschungen viel

Aufmerksamkeit. Bei solchen Natur-Sex-Shows gaben sich Bürger unter dem Deckmäntelchen der Bildung ganz ihrer Sehlust hin, auch in öffentlichen Veranstaltungen. Verne hat in seinem Werk auf dieses schlüpfrige Thema verzichtet, da seine *20.000 Meilen unter den Meeren* sich auch an minderjährige Lesende und ganze Familien richtete.

Dass die märchenhaften Algendschungel Kinderstuben für kommerziell wichtige Meerestiere sind und die Küsten schützen, ist nicht neu. Nach Stürmen türmen sich ausgerissene Gewächse an den Stränden auf und bezeugen die gewaltigen Kräfte, die dort tobten. In ihren verfilzten Resten können Strandspaziergänger auch oft die Kadaver ihrer tierischen Bewohner finden, die zumindest eine Ahnung ihres Lebensraums geben.

Die Gewächse reichern Küstengewässer mit Sauerstoff an und filtern Nährstoffe und schwebende Partikel heraus. Die Bedeutung von großen und kleinen Algen im Dienst des Klimaschutzes ist noch nicht so lange bekannt und angesichts der Klimakrise ein besonders wichtiges Forschungsgebiet auch in Europa. Gerade Großalgen fangen und binden besonders große Mengen Kohlenstoff, den sie später in ihren Wurzelknollen im Sediment fest einschließen oder sequestrieren.

Trotz ihrer vielfältigen Einsatzmöglichkeiten spielen Algen immer noch eine geringe Rolle in unserem Leben. Dabei werden sie seit mindestens zwanzig Jahren als Nahrung und Rohstoff der Zukunft gehandelt: Auf Sonnenenergiebasis günstig und massenhaft produzierbar, gesund und mit geringem Platzbedarf wären sie eine ideale Lösung für die gesunde und klimaschonende Ernährung von immer mehr Menschen. Auch als Rohstoff für Textilien oder andere Produkte des täglichen Lebens könnten sie etwa Kunststoffe ersetzen

und so zur Vermeidung von Plastikmüll beitragen. Als Kraftstoff wären sie wesentlich risikoärmer zu produzieren und zu verwenden als die Verbrennung der fossilen Rohstoffe.

Das Seegras, mit dem die Matratzen an Bord der *Nautilus* ausgestopft sind, ist keine Alge, sondern eine der wenigen im Meer lebenden echten Pflanzen. Vor den französischen Mittelmeer- und Atlantikküsten wachsen auf Sandböden ausgedehnte Seegras-Wiesen, die poetisch auch Neptunsgärten heißen. Auch sie sind im flachen, klaren Wasser gut zu beobachten, mit ihren wimmelnden kleinen und großen Bewohnern.

Lange vergessen und durch moderne Materialien ersetzt wird Seegras gerade als natürlicher Rohstoff wiederentdeckt. Durch seine Imprägnierung mit Meersalz ist es ohne den Zusatz von Insektengiften gegen Parasitenbefall geschützt. Außerdem hat es durch das Salz auch eine Brandschutzklasse und ist daher ein ausgezeichnetes Dämmmaterial im Hausbau. Essbar sind diese Seegräser genauso wenig wie echtes Gras, ihre Silikat-Einlagerungen würden menschliche Zähne abschleifen.

Auch diese Gewächse filtern Schwebstoffe aus dem Wasser, binden extrem viel Kohlenstoff und sind Unterschlupf für diverse Lebensgemeinschaften mit Beinen, Fühlern oder Flossen, außerdem sind sie wichtige Kinderstuben auch vieler kommerziell wichtiger Fische.

Nesseltiere: Medusen und Korallen

Medusen und Polypen sind zwei Generationen der gleichen Tiergruppe – der Nesseltiere (Cnidaria). Diese Tiere sind früh in der Evolution entstanden und mit Nesselgiften bewaffnet. Die Gifte zur Jagd und zur Verteidigung sitzen vor allem in den Tentakeln und werden über Stichapparate in Gegner und Beute injiziert – sie funktionieren wie Injektionskanülen.

Die Medusen oder Quallen bestehen aus einem gallertigen Schirm, von dem Tentakel und Organe nach unten herabhängen. Sie sind die frei schwimmende, erwachsene Form, deren Geschlechtsorgane Eier und Spermien produzieren und diese ins Wasser abgeben. Die befruchteten Eizellen sinken zu Boden und werden zu Polypen: fest sitzenden Nesseltieren, deren Tentakel und Mundöffnungen nach oben gerichtet sind. Polypen pflanzen sich ungeschlechtlich fort, etwa durch Knospung oder Abschnürung. Korallen sind solche Polypen, von denen manche ein Kalkskelett bilden, einige leben in Kolonien und manche bauen sogar Riffe in tropischen oder auch kalten Gewässern. Allerdings sind Korallen Sonderformen mit langer eigenständiger Entwicklung: Sie bilden keine Medusenform mehr aus, sondern werden im Polypenstadium erwachsen und pflanzen sich dann sowohl geschlechtlich durch Samen- und Eizellen als auch ungeschlechtlich durch Knospung fort.

Diese uralte Tiergruppe aus gallertigen oder kalkigen Tieren ist zu Vernes Zeiten zum Symboltier der Evolution und Ästhetik geworden. Der deutsche Biologe Ernst Haeckel erforschte und beschrieb die geheimnisvollen Nesseltiere unermüdlich. Außerdem hat er bahnbrechende Arbeit in der populären Darstellung dieser so fremdartigen Tiere geleistet, etwa mit seinen ästhetischen Zeichnungen und Bildtafeln, die bis heute populär sind. Auf den Gipfel getrieben hat der in Jena lehrende streitbare Zoologe seine Medusen-Hingabe bei der Benennung seines Domizils, der „Villa Medusa". Das repräsentative Gebäude mit Medusen-Deckengemälden ist bis heute der Traum so manch eines Biologen und kann in Jena besichtigt werden.

In den 1850er-Jahren waren die Seeanemonen und Korallen als exotische „Schoßtierchen" für Aquarien entdeckt worden und hatten mit ihrer Fress- und Fleischeslust die voyeuristischen Begierden des sehsüchtigen Publikums gestillt.

Verne hat in dem überwiegend enzyklopädischen Kapitel „Der Schwarze Strom“ die Grundlagen der Erdgeschichte, Ozeanographie und Biologie vorgestellt, darunter auch eine einprägsame Abbildung von vorüberschwebenden Medusen (s. Verne 2003, S. 160).

Das Medusenballett vor dem großen runden Aussichtsfenster ist ausgesprochen ästhetisch, die zarten Schirme wecken Assoziationen an umgekehrte Ballerina-Tutus. Gleichzeitig sind die Quallen im Hintergrund so groß und mit ihren Riesenschirmen so platzheischend, dass die Protagonisten im Vordergrund zwergenhaft wirken. Die bedrohliche Größe der Nesseltiere unterstreicht die Ambivalenz der gefährlichen Schönheiten. Dann lässt Prof. Aronnax seine Reisegefährten die Kompassqualle *Chrysaora* bewundern – auf dem großen gallertig-transparenten Schirm trägt sie rote Striche, die an eine Kompassrose erinnern. Ihre langen Tentakel mit den tödlichen Nesselzellen schleppt sie wie eine Fahne hinter sich her. Haeckel hatte diese Meduse erforscht, beschrieben und gezeichnet; lange zierte das auch in der Nordsee vorkommende gallertige Geschöpf das Logo der berühmten Biologischen Anstalt Helgoland.

Bei der Fahrt durch die tropischen Gewässer geht es dann auch um Korallenriffe: Die Forschungsreisenden bewundern die unglaublichen Leistungen der winzigen Polypen, schließlich sind ihre Bauwerke die größten von Tieren geschaffenen Strukturen der Erde. Dann sorgen sie für einige Schreckmomente, als die *Nautilus* auf ein nicht kartiertes Riff auffährt. Damit stellt Verne noch einnmal nachdrücklich vor, dass die kleinen Polypen als baufreudige Kolonie selbst so ein technisches Wunderwerk wie das Tauchboot gefährden können.

Krebse

In dieser Meeressaga darf eine Begegnung mit der japanischen Riesenkrabbe keinesfalls fehlen; an anderer Stelle treffen die unerschrockenen Seefahrer auch auf überdimensionierte mannsgroße Hummer. Krebse sind eine große, vielfältige sowie ökologisch diverse und extrem wichtige Tiergruppe. Die meisten von ihnen sind aber klein und als Akteure wenig geeignet, darum ist ihre Abhandlung in *20.000 Meilen unter den Meeren* meist theoretisch.

Dazu rapportiert Conseil die Forschungsresultate „unseres verehrten Lehrers Milne-Edwards", beschränkt sich dabei aber auf die großen Zehnfußkrebse mit den Hummern, Garnelen, Krabben, Einsiedlerkrebsen und den anderen Krustentieren, die auch in der menschlichen Ernährung bedeutend und darum allgemein bekannt sind. Dann übernimmt der Ich-Erzähler mit der Bemerkung, Conseil habe aufgrund Zeitmangels die Klassifikation der Krustentiere nicht vervollständigen können, und nennt die damals restlichen bekannten Gruppen (s. Verne 2003, S. 402).

Dabei kommt es zum systematischen Chaos, weil er auch die Trilobiten und Armfüßer (Brachiopoda) mit aufzählt: Die nur fossil überlieferten Trilobiten – Dreilapper – werden heute nicht mehr zu den Krebsen gezählt. Allerdings sind sie evolutiv so alt, dass ihre Verwandtschaft zu Krebs- und Spinnentieren nicht endgültig geklärt ist. Die Armfüßer oder Brachiopoden sind jedoch ein vollständig anderer Tierstamm, die fossil eine große Verbreitung in hoher Artenzahl hatten. Heute kommen sie nur noch als Relikte in eher tieferen Meeresgebieten vor, ihre Vorstellung würde an dieser Stelle zu weit führen.

Die unzähligen Gruppen winzig kleiner Krebstiere, die einen wichtigen Teil des Planktons bilden, waren zur damaligen Zeit noch nicht gut untersucht und sind darum nicht Teil des Unterwasser-Abenteuers geworden. Heute wissen wir, dass sie von grundlegender ökologischer Bedeutung sind: Die vielbeinigen Panzerträger sind schnell wachsende und sich schnell reproduzierende Proteinquellen für Menschen und Tiere jeder Größe in allen Lebensräumen

der Meere. Die vielen winzigen Arten des Planktons bilden die Nahrungsbasis für eine Vielzahl anderer Tiere, darunter auch viele kommerziell bedeutende Fische. So benötigen etwa Kabeljaularven als proteinreiche „Babynahrung" genauso dringend Ruderfuß- und Flohkrebse sowie andere Plankton-Wesen wie einige der gigantischen Bartenwale. Viele der gepanzerten Minitiere fressen Algen und wandeln deren mit Hilfe von Sonnenlicht produzierte Fette in tierische Fette und Eiweiße um, das macht sie als Nahrungsquelle so wertvoll. Mit dieser Umwandlung pflanzlicher Fette erschließen sie erst diese wichtige Nahrungsressource für die gesamte weitere Nahrungskette.

Heute werden immer noch stetig neue Arten entdeckt; gerade in Tiefsee-Ökosystemen schwimmen und krabbeln noch unbekannte Krebse vor die Kameraugen der Tauchboote und Tauchroboter. Mit jedem weiteren Vorstoß in die Tiefe und jeder Entdeckung eines weiteren ungewöhnlichen Ökosystems werden neue Arten mit raffinierten Gimmicks beschrieben.

Die Entdeckung der Black Smoker auf dem Mittelatlantischen Rücken Ende der 1970er-Jahre hat unser Bild der Tiefsee noch einmal revolutioniert. Das gesamte Ökosystem in der lichtlosen Tiefe basiert nämlich auf Schwefel, der aus den Hydrothermalquellen auf dem tektonisch aktiven Meeresboden an den Plattengrenzen zweier Kontinente strömt. Aus schwarzen Schloten sprudelt dort Wasser aus dem Boden, heiß, schweflig und schwermetallhaltig. Derartige Ökosysteme, die unabhängig von Sonnenlicht und Sauerstoff funktionieren, hatte sich bis zu diesem Zeitpunkt niemand vorstellen können.

In dieser schwefelreichen Tiefsee leben Krabben mit Spezialanpassungen: Sie züchten auf ihren Brustpanzern einen Rasen aus schwefelatmenden Bakterien, die sie als persönliche, immer verfügbare Snackbar mit sich herumtragen. Da der Bakterienrasen wie ein flauschiger Pelz aussieht, haben sie nach dem behaarten mystischen Himalaya-Bewohner den Populärnamen „Yetikrabbe" bekommen.

Andere ungewöhnliche Ökosysteme sind die sogenannten Food Falls – die Überreste von in die Tiefsee gesunkenen Lebewesen, vom Baumstamm bis zum Bartenwal. Die bekanntesten und größten sind die Whale Falls, also in die Tiefsee gesunkene Walkadaver. Auch an diesen lichtlosen und nahrungsarmen Ökosystemen, die nur einige Jahre lang existieren, werden immer wieder neue Tiergesellschaften entdeckt, darunter viele Krebse. Ihre Mundwerkzeuge und gepanzerten Körper sind besonders anpassungsfähig und finden stetig neue Wege, auch unter ungewöhnlichen Umständen jede noch so kleine ökologische Nische zu nutzen.

Würmer

Die Meereswürmer erwähnt der Erzähler nur en passant. Wurmartige Wirbellose hatten damals noch keine große Popularität, sie wurden systematisch eingeordnet, ohne ihre ökologische Bedeutung zu erfassen. Dabei gibt es über diese bunten Wurmwesen der Ozeane so viel zu erzählen!

An Land bleiben Würmer eher unbeachtet, meist klein und scheinbar harmlos. Was vor allem die Parasiten unter ihnen in vielen Fällen nicht sind. Die transparenten oder bunten Meereswürmer hingegen sind aktive Jäger mit kräftigen Kiefern, oft frei im Wasser schwimmend. Viele von ihnen haben flossenartige Körperanhänge, große Kiefer und Lichtsinnesorgane, sie leben räuberisch oder parasitisch. Sie kommen in allen Größen und Farben vor, vom mikroskopisch winzigen Fadenwurm bis zu dessen 8 Meter langen Verwandten, die in der Plazenta weiblicher Pottwale eingeflochten parasitieren. Die wurmartigen Organismen gehören zu unterschiedlichen

Tierklassen: Von den durchsichtigen schnellen Pfeilwürmern des Planktons – wie dem wendigen Jäger *Sagittarius* – bis zu den gefräßigen Ringelwürmern wie der in der Nordsee lebenden *Nereis*, die mit ihren großen chitinigen Kiefern schmerzhaft zwicken kann, oder der schillernden handgroßen Seemaus *Aphrodite*.

Einer der ungewöhnlichsten Würmer ist die bis zu 3 Meter lange *Riftia pachyptila*, die an sogenannten Schwarzen Rauchern (hydrothermale Quellen) lange Kalkröhren baut und zur schwefelliebenden Tiefsee-Community gehört. Der Röhrenwurm *Riftia* ist der größte und auffallendste Bewohner dieser schwefligen Ökosysteme. Die weißen Kalkröhren schützen den Wurmkörper, oben schaut das kopflose Oberende heraus, dessen knallrote fiedrige Kiemenfächer Schwefel aus dem Wasser filtern. Die meisten ihrer Organe haben sie reduziert, stattdessen tragen sie im Innern ein spezielles neuartiges Organ, in dem die Schwefelbakterien leben und Schwefel in Nährstoffe umwandeln – ein Bakterienreaktor. So fremdartig sind diese Würmer, dass sie als neue Tierklasse klassifiziert wurden. Die Vorstellung dieser so vielfältigen Tiergruppen wurmartiger Organismen würde den Rahmen dieser Publikation sprengen, daher müssen hier die Priapswürmer, Igelwürmer und viele andere schweren Herzens ausgelassen werden.

Ihre Starqualitäten für den großen literarischen Auftritt haben sie erst viel später bekommen: In Frank Schätzings Meeresepos *Der Schwarm* durchlöchern sie den norwegischen Kontinentalschelfhang und lösen eine gigantische Hangrutschung mit nachfolgendem Tsunami in der Nordsee aus. Aber diese biologischen Grundlagen lagen zu Vernes Zeit noch in weiter Zukunft.

Mollusken: Muscheln und Schnecken

Muscheln und Schnecken kommen in den meisten Gewässern vor und lassen sich unkompliziert sammeln und transportieren. Gerade die Meeresküsten, ob aus Fels oder Sand, mit Tangen oder mit Steinen bedeckt, bieten eine große Fülle dieser Weichtiere. Dass die kopflosen Wesen sich zum Schutz in ihre Schalen zurückziehen oder einfach den Deckel hinter sich schließen können, hilft ihnen gegenüber vielen Fressfeinden und anderen Stressfaktoren, nicht aber gegen einen entschlossenen Hominiden. Schon ein einfaches Werkzeug wie ein Stein reichte unseren Vorfahren vor 170.000 Jahren zum Knacken der Kalkschalen.

Viele Menschen empfinden die formenreichen, gemusterten Molluskenschalen als ästhetisch und den Weichkörper als schmackhaft oder zumindest genießbar. Darum dienen Muscheln und Schnecken seit der Vorzeit nicht nur als proteinreiche Nahrung; Menschen sammelten und nutzten auch deren Schalen als Schmuck, Währung, Tauschobjekte und für andere Zwecke. Ihre Formen- und Farbenvielfalt erweckt in uns offenbar das unwiderstehliche Bedürfnis zum Sammeln und Sortieren – ob in der Steinzeit, zu Vernes Zeit oder heute.

Conseil trägt die Systematik der Schnecken und Muscheln auf dem damaligen Stand vor, ohne zu stocken; außerdem schmücken prachtvolle Mollusken-Arrangements Kapitän Nemos Salon.

Interessanter als Conseils abstrakte systematische Aufzählung und die Parade toter Kalkschalen unter Glas ist die begeisterte, bildhafte Beschreibung der Arten- und Formenvielfalt der Muscheln und Schnecken des Ich-Erzählers beim Vorbeifahren: „Herzmuscheln mit scharlachroten Köpfchen; schwimmende Mützen mit gewundenem, spitz zulaufendem Gehäuse, die einen an Gondeln erinnerten" (Verne 2003, S. 402). So entstehen Bilder lebendiger Weichtiere im Kopf, untermalt von den detailreichen Bildtafeln.

Muscheln sind zweiklappige kopflose Weichtiere und leben im Süß- und Salzwasser in vielen Lebensräumen zwischen der

Meeresoberfläche und der Tiefsee; sie atmen mit Kiemen und können ihre Schalen mit Muskelkraft öffnen und schließen. In einer großen Formen- und Artenvielfalt sind sie meist kleiner als eine menschliche Hand, einige Ausnahmen wie die Riesenmuschel werden aber auch metergroß.

Die Formen dieser sehr alten Tiergruppe variieren von schlichten Schüsselformen bis zu mit Stacheln besetzten, fragilen Gebilden, in allen Farbschattierungen, meist zwischen Weiß und Braun bis Schwarz, manchmal auch mit Blau, Grün, Rot, Rosa oder Gelb sowie feinen Mustern. Viele sind auf der Innenseite mit Perlmutt ausgekleidet, manche produzieren daraus gar Perlen. Diese glitzernd-irisierende Substanz erregt seit der Vorzeit die menschliche Begierde, war das Farbspektakel doch lange unerklärlich und mit technischen Mitteln nicht reproduzierbar.

Neben dem zum Verzehr beliebten weichen Fleisch, das überwiegend aus dem kräftigen Schließmuskel des stark reduzierten Körpers besteht, sind größere Schalen auch als Gefäße verwendet worden. Prachtvolle oder seltene Schalen trugen schon Menschen der Steinzeit als Schmuck. Außerdem wurden besondere muschelproduzierte Materialien wie Byssus (Haftfäden), Purpur und einige Gifte genutzt. Dass Riesenmuscheln Taucher einklemmen, ist zwar ein spannendes Highlight der Tauchfahrt, gehört aber ins Reich der Fabeln.

In den letzten Jahrzehnten hat sich die praktische Nutzung der Bivalven noch wesentlich weiterentwickelt: In Aquazuchten produzieren sie mit wenig Nahrung und in kurzer Zeit große Mengen wertvoller Proteine. In Asien geschieht dies längst im industriellen Maßstab und ernährt viele Menschen. In Europa hingegen gelten Miesmuscheln und Austern noch als Luxus-Essen. Zur Sicherung der Ernährung für die wachsende Weltbevölkerung sollten sie schnellstmöglich wieder erschwinglicher werden; im Mittelalter waren Austern ein schneller Snack etwa in Londoner Pubs.

In der Mund- und Kieferchirurgie wird ein wasserresistenter Klebstoff, der den Haftfäden (Byssus) der Miesmuscheln nachempfunden ist, zum wasserfesten Wundverschluss nach Operationen eingesetzt.

Heute schätzen wir die Zweiklapper auch für ihre Ökosystemleistungen: Viele von ihnen filtern organische Schwebstoffe als Nahrung aus dem Meer. Muschelriffe etwa aus Austern oder Miesmuscheln haben eine solch große Filtrierleistung, dass sie damit in ihrem Umfeld die Wasserqualität signifikant verbessern. Außerdem sind Muscheln künstliche Hartgründe; dadurch baut eine Riffkolonie ein ganz eigenes Ökosystem mit Unterschlupf und Nahrung für viele andere Arten – Muscheln sind also Ökosystem-Ingenieure. In Europa und den USA werden daher immer mehr Austernriffe renaturiert, um in zu stark genutzten Küstengewässern die Biodiversität wieder zu erhöhen.

Schnecken haben nur eine Schale, die meist spiralig gedreht ist. Ebenso wie Muscheln existieren auch Schnecken mit vielen Gattungen und verschiedenen Formen, Größen, Farben und Mustern in jedem aquatischen Lebensraum und, anders als Muscheln, auch an Land. Die meisten gleiten auf ihrem Fuß auf einem selbst produziertem Schleimfilm dahin; am Vorderende ist ein mit Augen, Fühlern und Mundöffnung ausgerüsteter Kopf, in der Mundöffnung sitzen Raspelzungen. Einige Schnecken sind allerdings auch freischwimmend wie die von Verne vorgestellten Minischnecken des Planktons.

Vernes antarktischer Strand ist mit unzähligen Mollusken übersät, darunter „insbesondere Milliarden und Abermilliarden von *Clios* mit länglichem, hautartigem Körper, deren Kopf von zwei runden flügelförmigen Lappen gebildet wird und von denen ein Walfisch auf einmal Tausende verschlingen kann […]. Außerdem stieß ich auch noch auf Pteropoden oder Ruderschnecken, wahre Schmetterlinge des Meeres“ (Verne 2003, S. 509). Damit zeigt der Autor mal wieder detailliertes

Spezialwissen. Er lässt den Meeresbiologie-Professsor fachsimpelnd über den Strand am anderen Ende der Welt gehen und dabei den Expeditionsbericht des Engländers James Clarke Ross zitieren: Diese kleinen Schnecken seien transparente winzige Wesen des Planktons, die im offenen Ozean in riesigen Schwärmen vorkommen und die Nahrungsgrundlage vor allem für die gewaltigen südlichen Glattwale bilden (s. Verne 2003, S. 509). *Clios* heißen heute *Clione* und werden wegen ihrer äußeren Form mit dem langgestreckten Körper und den aus der Sohle gebildeten flügelartigen Flossen am oberen Ende auch Meerengel oder Seeschmetterling genannt.

Aufgrund dieses Schatzes an lebenden Ressourcen hatten und haben die polaren und subpolaren Gewässer solch eine große strategische Bedeutung. Darum wurde auch die Nahrung der riesigen Meereskreaturen mit der großen wirtschaftlichen Relevanz bereits früh so genau analysiert, beobachtet und dokumentiert.

Anders als Muscheln sind Schnecken wesentlich mobiler. Gerade frei im Wasser schwimmende Arten sind beweglicher und erreichen höhere Geschwindigkeiten. Zum Fressen raspeln die meisten der gedrehten Mollusken mit ihrer zähnchenbesetzten Zunge Algen, Pflanzen oder Tierkadaver an. Es gibt allerdings auch jagende Arten wie die Wellhornschnecken der Nordsee. Diese große und relativ schnelle Raubschnecke jagt, indem sie mit dem dornartigen Fortsatz ihrer Schale geschlossene Muschelschalen aufhebelt. Schon eine kleine Öffnung reicht dann zum Einführen ihres rüsselartigen Mundfortsatzes, um die Beute fressen zu können. Ihre Schnelligkeit ist relativ, schließlich sind die meisten Muscheln noch wesentlich langsamer.

Andere jagende Schnecken bohren mit Salzsäure und der spezialisierten Radula-Raspelzunge Löcher in die Schalen ihrer Opfer. Die kleinen kreisrunden Löcher sind selbst an Fossilien noch gut erkennbar und dokumentieren dramatische Jagdszenen längst vergangener Jahrmillionen.

Kopffüßer: Nautilus, Kalmare und Oktopusse

Eine weitere Gruppe der Weichtiere von allerdings ganz anderem intellektuellem Kaliber sind die Kopffüßer (Cephalopoden), die ausnahmslos im Meer leben und mit wenigen Ausnahmen geschickte Jäger sind.

Der *Nautilus* aus der Familie der Perlboote ist einer der bekanntesten und gleichzeitig der ausgefallensten Kopffüßer – ein Relikt aus der Tiefe der Erdgeschichte, aus der Zeit vor den Dinosauriern. Mit Außenschale, aber ohne Tintendrüse, zwei uralten Lochkamera-Augen und fünfzig kurzen Tentakeln. In vergangenen Zeiten durfte der *Nautilus* in keinem barocken Kuriositätenkabinett fehlen.

Für ihre herrliche Perlmuttschale mit der perfekten Spirale werden die exotischen Weichtiere seit Langem gejagt und sind so heute vom Aussterben bedroht. Die Schale ist im Innern in Kammern unterteilt; das Weichtier wohnt nur im letzten und größten Hohlraum – der Wohnkammer. Die anderen Kammern sind gasgefüllte Hohlräume. Perlboote tragen im Schaleninnern einen außergewöhnlichen Tauchmechanismus zum Steigen, Sinken und Schweben in der Wassersäule: Durch die Kammerwände verläuft ein Gewebeschlauch – der Sipho –, durch den das Weichtier Flüssigkeit abpumpen und ein luftähnliches, mit Stickstoff und Kohlenstoff angereichertes Gasgemisch hineinpumpen kann. Damit reguliert es sein scheinbar bewegungsloses Steigen, Sinken und Schweben im freien Wasser mit sehr geringem Energieaufwand.

Tintenfische, Kraken und Kalmare sind moderne Kopffüßer. Sie haben acht oder zehn Arme sowie eine Tintendrüse und heißen daher Tintenfische. Ihre Tentakel sind mit Saugnäpfen besetzt, die sie mit Hilfe winziger Muskeln sehr gezielt durch eine Vakuumierung festsaugen können. Verne beschreibt und unterscheidet korrekt die achtarmigen Kraken von den zehnarmigen Kalmaren. Kalmare tragen zusätzlich zu den acht saugnapfbesetzten Armen noch zwei verlängerte Tentakel mit Keulen am Ende, die sie zum Ergreifen der Beute nach vorn schleudern können.

Schon zu Vernes Zeit war der Riesenkalmar von einzelnen Funden bekannt, wurde aber oft fälschlich als Riesenkrake (engl.: kraken) bezeichnet. Im 19. Jahrhundert hatte der dänische Forscher Japetus Steenstrup auf der Suche nach den Fakten hinter dem Mythos alle Hinweise zum mystischen Meeresmonster des riesigen Kopffüßers zusammengetragen. Mit dem Versuch, die Existenz eines Fabelwesens beweisen zu wollen, war Steenstrup einer der ersten Kryptozoologen, die solchen Geheimnissen meist wissenschaftsbasiert nachgehen. Obwohl die anderen Wissenschaftler seiner Zeit den riesigen Kopffüßer für ein Hirngespinst hielten, führte Steenstrup sein kryptozoologisches Projekt weiter. Dabei stöberte er alte Bilder von seltsam unförmigen großen „Fischen" auf, die er korrekt als Kopffüßer identifizierte.

Um seine Theorie zu belegen, reichten ein paar alte Gemälde aber nicht aus. Glücklicherweise spülte der Ozean im Dezember 1853 den entscheidenden Beweis an die jütländische Küste Dänemarks: Fischer entdeckten am Strand von Raabjerg den Kadaver eines riesigen unbekannten Tieres. Sein Fleisch verarbeiteten sie zu Fischfutter, aber der feste Chitin-Schnabel gelangte in Steenstrups Hände. Damit konnte dieser in einem Vortrag vor der Dänischen Naturhistorischen Gesellschaft erstmals die Existenz des sagenumwobenen Riesenkraken belegen und nannte ihn *Architeuthis monachus.*

Mit der wissenschaftlichen Beschreibung beförderte Steenstrup das Tentakeltier im Jahr 1857 von der Fabel zum Fakt. Wenig später beschrieb der dänische Forscher ein zweites *Architeuthis*-Exemplar, dessen Überreste ihm ein Kapitän von den Bahamas mitgebracht hatte, als *Architeuthis dux* (s. Ellis 1997, S. 126). Das ist bis heute der gültige wissenschaftliche Name für die meist in großen Tiefen lebenden, bis zu 12 Meter langen Kalmare. Nach heutiger Systematik und basierend auf anatomischen und molekularbiologischen Resultaten gehören allerdings alle Funde der immer noch geheimnisumwitterten riesigen Weichtiere zu einer einzigen Art – *Architeuthis dux.* In den dunklen kalten Tiefen der Weltmeere jagen sie mit lichtempfindlichen Riesenaugen und Riesensaugnäpfen auf den meterlangen Tentakeln ihre Beute – oder werden selbst erlegt: Die bis fast 20 Meter langen Pottwalbullen scheuen den Kampf mit dem wilden Weichtier nicht und gehen meist als Sieger daraus hervor, allerdings tragen sie oft Narben von den Saugnäpfen und Schnäbeln der Kalmare davon.

Solch ein berühmter und berüchtigter Meeresriese, der angeblich Schiffe angreift, darf in Vernes Meeresepos nicht fehlen. So lässt der französische Autor seine drei Protagonisten über einen Riesenkalmar diskutieren: 1861 habe Kapitän Bouyer von einem 5,5 Meter langen riesigen Kalmar berichtet. Nach einem Kampf mit der Crew seines Schiffes *Alecton* nordöstlich von Teneriffa musste der Kopffüßer seinen „Schwanz" auf dem Schiff zurücklassen – was auch immer Kapitän Bouyer unter dem Schwanz eines Kalmars verstanden haben mag (s. Verne 2003, S. 570–571).

Diese wilde Geschichte ist damals mit Sicherheit in den Zeitungen erschienen und war eine gute Inspiration für Verne und seine Illustratoren. Eine solche Begegnung mit einem Kalmar ist auf der Abbildung *Man attackierte es mit Harpunen* korrekt wiedergegeben – das spitz zulaufende Ende des Mantels mit den Flossen und die in der Mitte sitzenden riesigen Augen (s. Verne 2003, S. 571).

Der Blick durchs Panorama-Bullauge der *Nautilus* auf den Riesenpolypen ist eine der berühmtesten Abbildungen der submarinen

Reise. Allerdings zeigt die dazugehörige Abbildung *Ein Kalmar mit gigantischen Ausmaßen* einen achtarmigen Kraken. Auf der nächsten Abbildung kringelt sich ein anonymer Arm in den Einstieg der *Nautilus*. Dann geht es auch im Text ein wenig durcheinander zwischen Kraken und Kalmaren. Das hat aber keinen Einfluss auf die spannende Situation: Die *Nautilus* ist von einem ganzen Schwarm dieser Polypen umringt und kommt abrupt zum Halt. Kapitän Nemo vermutet einen der Kopffüßer als Saboteur, der die Schraube blockiert. Dann kommt es zur nächsten ikonographischen Momentaufnahme: Im Text attackieren mehrere Riesenkraken die *Nautilus* und einer ergreift mit einem dicken, langen saugnapfbewehrten Tentakel einen Matrosen – auch wenn die dramatische Abbildung *Ein einziger Fangarm schwenkt das Opfer wie eine Feder* einen Kalmar zeigt (s. Verne 2003, S. 579). Kapitän Nemo stürmt als Erster vor und hackt mit einem Beil „die zähen Tentakel“, die „wie die Köpfe der Hydra nachzuwachsen schienen“, ab. Seine Besatzung und die Protagonisten kämpfen gemeinsam gegen die furchterregenden Tentakel, schließlich spritzt einer der Kopffüßer ihnen Tinte entgegen und nimmt ihnen damit die Sicht. Hinter der Tintenwolke entschwinden die Kraken schließlich und nehmen dabei den gefangenen Mann mit, aber das Tauchboot und der Rest der Tauchbootfahrer sind dadurch freigekommen (s. Verne 2003, S. 579).

Diese Abbildungen der Kraken sind derartig perfekte Actionszenen, dass sie seitdem auch in den Verfilmungen des Buches zuverlässig auftauchen. Die Walt-Disney-Verfilmung von 1954 mit dem unerschrockenen Kirk Douglas als Ned Land ist vermutlich die wichtigste kinematographische Visualisierung.

Heute wissen wir: Der größte achtarmige Polyp ist der Pazifische Riesenkrake, der in eher flachen Gewässern lebt – seine Arme erreichen maximal 4 Meter Durchmesser. Taucher berichten häufig von

Zusammentreffen mit diesen Riesenmollusken, die sich auch in Aquarien halten lassen. Wesentlich größer wird der in der Tiefsee lebende Riesenkalmar, über dessen Biologie trotz unserer Hochtechnologie und sogar erster Beobachtungen lebender Exemplare immer noch nicht viel bekannt ist. In der Vergangenheit sind Teile von Riesenkalmaren aus den Mägen gefangener Pottwale ans Tageslicht gelangt und haben die Phantasie der Walfänger und Meeresforscher angeregt. Die weißen Narben der Saugnäpfe und der Schnäbel auf der dunkelgrauen Pottwalhaut erzählen Geschichten von Titanenkämpfen in der Tiefsee.

Gelegentlich stranden diese Riesenkopffüßer; ihre gummiartigen Körper werden dann analysiert, konserviert und oft ausgestellt. Ich selbst habe im Zoologischen Museum in Stockholm einen *Architeuthis* bestaunt, der konserviert in einem transparenten Tank lag, dahingestreckt wie Schneewittchen in ihrem gläsernen Sarg. Im stechenden Geruch der Konservierungsflüssigkeit schaute ich in die riesigen trüben Augen und hätte gern gewusst, was diese Augen gesehen haben. Vor einem der Riesen der Tiefsee zu stehen, ist ein besonderes Erlebnis, denn die Tiefseegeschöpfe entziehen sich meist durch Abtauchen unseren neugierigen Augen und sind so immer noch geheimnisumwittert.

Die fragilen *Argonauta* wurden bereits in Vernes Zeit erforscht und haben ihn offensichtlich stark beeindruckt. Sie sind die einzigen Oktopusse ohne Tintendrüse und leben sehr ungewöhnlich, darum sollen sie hier kurz vorgestellt werden. Verne bezeichnet *Argonauta* korrekt mit dem Trivialnamen Papiernautilus. Allerdings kommt es dann in der Literatur über Verne zu Verwechslungen und falschen Erklärungen.

Argonauta ist der einzige Krake mit einer Außenschale – allerdings bilden nur Weibchen diese papierdünne Calcit-Schale aus, mit

Hilfe einer kalkabscheidenden Drüse. Die spiralige Schale ist fein gefältelt und nicht gekammert, sie ist durchscheinend und wirkt so fragil wie ein feines textiles Gewebe. Diese Schale ist eine Neubildung dieser einzigartigen Krakengattung und liefert keinen Auftrieb, sondern ist vielmehr ein Sammelgefäß der Krakin für ihr Gelege mit den heranwachsenden Jungtieren. Wie die meisten Krakinnen hüten und bewachen auch *Argonauten*-Mütter ihren Nachwuchs, bis er schlüpft. Dann setzen sich die noch gläsern durchsichtigen Kleinstkraken schnell ins Plankton ab, wo sie Nahrung und Deckung finden. Die Männchen hingegen haben weder Drüse noch Schale und existieren nur noch in einer Zwergform als Samenspender. Manchmal hocken sie in der Schale der Weibchen und wurden lange Zeit nicht als deren Geschlechtspartner identifiziert.

Diese auffallenden Geschöpfe, die in ihrer papierdünnen Schale auf der Oberfläche des Mittelmeers und anderer warmer Meere dahinsegeln, sind seit der Antike bekannt. Aristoteles, der griechische Philosoph der Antike, nannte die Papierboote „nautilos", poetisch abgeleitet vom griechischen Wort „nautes" für Seemann. Er hatte sie schon korrekt als Kraken erkannt. Allerdings hat er wohl auch die Legende in die Welt gesetzt, dass diese Kopffüßer „die Häute ihrer Dorsalarme als Segel für die Fortbewegung an der Meeresoberfläche benutzen" (Verne 2003, S. 310), was nicht zutrifft.

Eine Flotte des Papiernautilus hat in *20.000 Meilen unter den Meeren* eine eigene Abbildung bekommen – das aufgetauchte Tauchboot fährt durch einen Schwarm dieser papierdünnen Meereswunder hindurch; die drei Helden verfolgen das Spektakel fasziniert. Verne ordnet mit der Stimme Conseils die Tiere nach dem damaligen Stand systematisch korrekt ein: nicht als *Nautilus*, sondern als Tintenfische. Obwohl er sie mit acht Tentakeln korrekt beschreibt, steckt er sie dann in eine eigene Gruppe neben den Kalmaren und Sepien. Das wusste Aristoteles bereits besser.

Weiterhin erzählen sich Vernes Meeresbiologen eine ganze Reihe anatomischer Fakten, die Abbildung greift dann aber auf die naturphilosophische Vorstellung des Aristoteles zurück: Die Kopffüßer haben ihre beiden Dorsalarme hoch erhoben und die Häute wie Segel aufgespannt (s. Verne 2003, S. 310). So manieriert sind die Tentakeltier-Weibchen in Wahrheit nicht, vielmehr halten sie mit den beiden Armen die Schalen fest und die Armhäute sind über die Schale gespannt.

In der Forschung der französischen Geologin, Meeresbiologin und Aquarien-Pionierin Jeanne Villepreux-Power (geb. Villepreux, 1794–1871) wurde dieses Detail des Dahinsegelns der Argonauten-Mütter zu Vernes Zeit bereits wissenschaftlich beschrieben. Villepreux-Power hatte in der Schule lediglich Lesen und Schreiben gelernt und war mit 18 Jahren die 400 Kilometer nach Paris gelaufen, wo sie Schneiderin werden wollte. Innerhalb von nur vier Jahren war sie eine so kunstfertige Stickerin geworden, dass sie das Prunkgewand der sizilianischen Prinzessin Caroline für deren Heirat mit Charles-Ferdinand de Bourbon, einem Neffen von Louis XVIII., besticken sollte. Durch ihre neuen Kontakte lernte sie ihren Mann, einen schottischen Kaufmann, kennen und zog mit ihm ins sizilianische Messina um. Dafür hatte Villepreux-Power vorher noch Englisch und Italienisch gelernt.

Sie lebte mit ihrem Mann in Messina nahe der Meerenge zwischen dem Tyrrhenischem Meer und der Ionischen See. Diese enge Meeresstraße ist wegen ihrer gefährlichen Strömungen unter Seeleuten gefürchtet, die gleichen starken Strömungen spülen aber auch eine artenreiche Meeresfauna in das Seegebiet. Villepreux-Power arbeitete sich wieder autodidaktisch schnell in die Tierwelt Siziliens

ein, die sie intensiv beobachtete und beschrieb, dabei stieß auch sie auf die rätselhaften Argonauten. Um herauszufinden, wie diese Tintenfische in ihre Schale kommen, beschloss sie, lebende Exemplare zu beobachten. Dafür konstruierte sie ein gut durchdachtes Wassergehege: vier mal zwei Meter groß und einen Meter tief, sicher verankert und mit einem gläsernen Fenster zum Beobachten versehen. Die Seitenwände waren aus Stäben zusammengesetzt, damit die Box immer von frischem Meerwasser durchströmt wurde.

Villepreux-Power beschrieb als Erste den extremen Unterschied (Geschlechtsdimorphismus) zwischen den großen schalentragenden Weibchen und den winzigen schalenlosen Männchen. Dann beobachtete sie, dass Schale und Weichkörper offenbar nicht fest verwachsen sind und Argonauten ihre papierdünne Schale verlassen können, ganz anders als *Nautilus*. Allerdings hielten die Argonauten ihre Schale immer mit den saugnapfbesetzten Armen fest und gaben ihre zerbrechliche Behausung offenbar nicht freiwillig auf.

Andere Tintenfische, die die Forscherin in ihren Wasserkäfig setzte, entkamen schnell, sie konnten sich problemlos mit ihren Weichkörpern durch die Gitterstäbe winden. Argonauten hingegen blieben im Käfig – ihre Schalen passten nicht durch die Stäbe und offenbar wollten sie diese nicht verlassen. Junge Papiernautili bauen einmalig eine Schale und behalten diese dann; die Kalkhülle wächst mit. Anstelle einer Kalk abscheidenden Drüse im Mantel, wie Schnecken und Muscheln, hat *Argonauta* solche Drüsen an den Spitzen der beiden am Rücken liegenden Dorsalarme. Die Naturforscherin experimentierte und fand schließlich heraus, dass Argonauten beim Schalenverlust keine neue Hülle bauen, Beschädigungen allerdings reparieren können. Dafür setzen sie die Drüsen an den Armspitzen wie eine Tube Klebstoff ein (s. Scales 2015, S. 198).

Einige Meeresbewohner nahm Villepreux-Power sogar in gläsernen Gefäßen mit ins Haus, um sie dort weiter zu studieren.

Die Meeresbiologie-Pionierin schrieb mehrere Bücher über ihre Beobachtungen und führte eine umfangreiche Korrespondenz mit anderen Wissenschaftlern. Aufgrund ihrer findigen Konstruktion aquatischer Gehege und Behältnisse nannte der englische Biologe und Direktor des Londoner Naturkundemuseums Richard Owen sie „Mother of Aquariophily". So hatte die wissenschaftliche Autodidaktin neben ihren bahnbrechenden Tierbeobachtungen und der Entschlüsselung vieler Geheimnisse des Papiernautilus en passant auch noch die damals gerade entstehende Aquaristik revolutioniert.

Aristoteles' Argonauten-Beschreibung inklusive des philosophischen Seemannsgarns war bis ins 19. Jahrhundert hinein in Zoologiebüchern zu finden, während Jeanne Villepreux-Powers naturwissenschaftlich exakte Beschreibungen sich erst langsam durchsetzen mussten. Aus Sicht der männlichen Forschungswelt konnte eine Frau nicht mehr wissen als der berühmte Philosoph der Antike – Eminenz kam vor Evidenz (s. Willoughby 2019).

Stachelhäuter:
Sterne, Igel, Gurken, Lilien und Schlangen mit Stacheln

Seesterne, Seeigel und Seegurken sind durch ihre weltweite Verbreitung auch in flachen Küstengewässern allgemein bekannt. Gerade Seesterne sind mit ihrer einzigartigen fünfstrahligen Form Ikonen des Meereslebens.

Dass auch alle anderen lebenden Stachelhäuter fünfstrahlig symmetrisch sind, wissen schon weniger Menschen. Wie ihr Stachelhemd und ihre innere Anatomie aufgebaut sind, dass ihr Mund meist an der Unterseite sitzt und sie mit uns deutlich näher verwandt sind als etwa Krebse, ist biologisches Fachwissen.

Ihre Schalen sind komplexe Gebilde aus Kalkplatten, die entweder wie bei Seeigeln vollständig verwachsen oder wie bei Seesternen

wie ein Kettenhemd angelegt sind: Viele Kalkplättchen sind in der Haut liegend beweglich miteinander verbunden, so bieten sie Schutz und Beweglichkeit gleichermaßen. Stachelhäuter sitzen meist auf dem Meeresboden oder einem anderen Untergrund und bewegen sich langsam; dabei fressen sie mit der nach unten zeigenden Mundöffnung Algenrasen ab oder überfallen Beute, manchmal sogar im Rudel: Dornenkronenseestern-Horden sind wegen der Zerstörung ganzer Korallenriffe gefürchtet.

Der komplexe Mundapparat der Seesterne aus fünf Zähnen, Bändern und Muskeln sowie Skelettelementen, deren Spitzen in die Mitte der Mundöffnung zeigen, wurde bereits in der Antike beschrieben: Nach ihrem Erstbeschreiber und ihrer Form heißt die Konstruktion treffend „Laterne des Aristoteles".

Zu Vernes Zeiten waren Stachelhäuter beliebte Forschungsobjekte; Entwicklungs- und Evolutionsbiologen wie Haeckel mikroskopierten und analysierten begeistert die aufregenden Vorgänge während der Embryonalentwicklung und der Metamorphose der im Wasser schwebenden transparenten Larve zum erwachsenen Bodenbewohner.

Vor allem Seesterne und Seeigel sind an Europas Küsten zahlreich zu finden. Seelilien, die wie Seesterne auf einem Stiel aussehen, sind vor allem fossil bekannt; vor Jahrmillionen waren sie weit verbreitet. Sowohl ihre Stielglieder als auch ihre „Krönchen" aus den nach oben geschwungenen zierlichen Tentakeln sind gerade in Meeresablagerungen aus dem Erdmittelalter häufig vorhanden. Einst kamen sie in solchen Massen vor, dass sie sogar Gesteinsschichten bildeten – die Crinoidenkalke (Seelilien: Crinoidea). Davon sind sie heute weit entfernt. Wie andere Stachelhäuter sind Seelilien heute vor allem in der Tiefsee und anderen extremen Ökosystemen wie den Polargebieten sehr erfolgreich. Ihre langsame Lebensweise, die Genügsamkeit und der mechanische Schutz scheinen dieser uralten Tiergruppe dort einen Vorteil gegenüber anderen, moderneren Tiergruppen zu geben.

Das trifft auch auf Seegurken zu: In allen Größen, Formen und Farben kommen diese zur Seite gekippten Stachelhäuter in großer Anzahl in der Tiefsee vor, offenbar sind sie dort ein Erfolgsmodell. Die meisten von ihnen kriechen auf die Seite gekippt auf dem meist weichen Sediment umher. Diese Seitenlage haben sie vor so vielen Jahrmillionen perfektioniert, dass dies ihre neue „Unterseite" geworden ist und viele Arten dort sogar winzige Füßchen haben.

Als „Staubsauger der Ozeane" oder „Müllabfuhr der Meere" spielen sie eine wichtige Rolle in den Ökosystemen: Sie ernähren sich überwiegend von abgestorbenen pflanzlichen Mikroorganismen und scheiden Stickstoff und Phosphor aus. Dieses Nährstoffrecycling und ihr stetiges Aufnehmen und Ausscheiden feiner Sedimente macht sie als Reinigungskraft unentbehrlich, ganz besonders in warmen Meeren und der Tiefsee.

Besonders bekannt ist eine schweinchenrosa Seegurke mit praller glatter Haut, die auf langen Beinen zügig über den Meeresboden läuft; als „Sea Pig" macht sie immer wieder Schlagzeilen. Einige Arten haben sich sogar zum Freischwimmen entschlossen. Die bekannteste freischwimmende Seegurke der Tiefsee ist das „Crazy Chicken". Transparent und rosig-gallertig schwebt es aufrecht umher, mit den Körperfortsätzen erinnert es tatsächlich auf den ersten Blick an ein Brathähnchen. Diese Seegurke ist ein echter Filmstar: Tiefseeforscher filmen mit den Tauchroboter-Kameras diesen unstacheligen Stachelhäuter regelmäßig bei seinem pneumatischen „Tanz". Ein Seegurkenballett ging sogar viral: Direkt am Mozart-Seamount schwang eine Seegurke rhythmisch die Tanz-„beinchen", das dazu passende Musikstück von Mozart hatten allerdings die Wissenschaftler hinzugefügt (s. Wurche 2017c). Andere Seegurken in allen

Formen und Farben leben in warmen, tropischen Gewässern und stehen vor allem in Asien getrocknet als „Trepang" auf dem Speiseplan. Wenn Verne das gewusst hätte, wäre das sicherlich ein *Nautilus*-Snack geworden.

Haie

Wie lange Zeit üblich, beschreibt Verne Haie als blutrünstige Bestien: „Am häufigsten traf man Menschenhaie an, 10 Meter lang, mit flachem Kopf und gezackter Schwanzflosse, sowie Grauhaie mit sieben Kiemenspalten, die lediglich eine Schwanzflosse besitzen, welche der Mitte ihres Leibes entwächst. Beide gehören der hässlichen Gattung der Knorpelfische an, die in drei Untergattungen mit nicht weniger als 32 Arten eingeteilt wird. Ebenso zogen Hundshaie an uns vorüber, die gefräßigsten Fische, die man sich vorstellen kann. Nach Berichten von Seeleuten, denen man allerdings mit Vorsicht begegnen sollte, hat man im Magen eines dieser Räuber einen Büffelkopf und ein ganzes Kalb gefunden und im Magen eines anderen einen Matrosen in Uniform; ein dritter Hundshai soll sogar einen Reiter samt Pferd verschlungen haben. All dies mag durchaus fragwürdig anmuten, und da sich keines dieser Tiere in den Netzen der *Nautilus* verfehlt, war es mir leider nicht möglich, mir selbst ein Bild von ihrer Gefräßigkeit zu machen" (Verne 2003, S. 362).

Mit dem Menschenhai ist *Carcharodon carcharias* gemeint, der heute meist Weißer Hai genannt wird. Der große Hochseehai ist aufgrund seiner Größe und seines Vorkommens für manchen Angriff auf Menschen verantwortlich. 10 Meter Länge ist allerdings übertrieben, große Männchen werden um 5 Meter groß, große Weibchen bis über 7 Meter.

Etwas irritierend ist, dass Grauhaie hier sieben Kiemenspalten haben sollen – tatsächlich haben sie nämlich nur sechs. Im Folgenden beschreibt Prof. Aronnax den Grauhai dann korrekt als

Sechskiemer – für einen Hai ist das nämlich so ungewöhnlich, dass diese Haie sogar danach benannt sind: *Hexanchus griseus,* der graue Sechskiemer.

Bei einem weiteren Spaziergang auf dem Meeresgrund zeigt Kapitän Nemo den Gefährten eine gigantische Muschel mit einer ebenfalls gigantischen Perle. Dort beobachten sie dann, wie ein indischer Perlentaucher von einem Hai attackiert wird. Kapitän Nemo schreitet ein und wehrt den Hai mit seinem Messer ab, Ned Land tötet den Knorpelfisch schließlich mit einem Messerstich.

Von allen vorgestellten Tieren dürften neben den Tintenfischen die Haie den stärksten Imagewandel durchlaufen haben. Einst als menschenfressende Bestien verschrien, sind sie heute vom Menschen bedroht und oft geschützt: Das Abschneiden der Haiflossen am lebenden Tier vor allem für die unersättlichen asiatischen Märkte ruft in Europa und den USA mittlerweile Empörung hervor.

Schließlich wandelt sich ihr Image vom Monster zum sozialen Meeresgeschöpf durch immer neue Forschungsergebnisse. Durch die heutigen technologischen Möglichkeiten wie die Besenderung von Haien ist das „White Shark Café" entdeckt worden: Die Sender geben Signale ab, die von Forschungssatelliten im Erdorbit erfasst werden. Diese Technologie hat vollständig neue und unerwartete Einblicke in Tierwanderungen gerade auf dem offenen Meer ermöglicht.

2002 hatten Hai-Forscher der US-amerikanischen Hopkins Marine Station der Stanford University Haie mit Satelliten-Sendern versehen und so einen Versammlungsort entdeckt: In einem abgelegenen Meeresgebiet des Pazifiks, auf halber Strecke zwischen der Baja California und Hawaii, treffen sich im Sommer und im Winter Große Weiße Haie. Das „White Shark Café", wie die Biologen diesen Hai-Treffpunkt genannt haben, hat einen Radius von ungefähr 250 Kilometer (160 mi), sein Zentrum liegt bei den Koordinaten

23.37°N 132.71° W. Der offene Ozean wird oft als nahrungsarme Wüste beschrieben; dieses Areal ist jedoch ein reicher Nahrungsgrund mit der gesamten marinen Nahrungskette. Männliche und weibliche, junge und erwachsene Weißhaie wandern in bis zu fast 1.000 Metern Tiefe zum „White Shark Café“ und tauchen dort in bis zu 450 Metern Tiefe nach Nahrung. Wenn in ihrem jeweiligen Küstengewässer vor Hawaii oder Kalifornien die jungen Seeelefanten oder Wale geboren werden, wandern sie für die Saison dorthin zurück, um sich an den fetten Meeressäugern satt zu fressen. Danach schwimmen sie wieder ins „Café“ in den Tiefen des südpazifischen Ozeans (s. Jorgensen et al. 2009; Thomas 2006).

Fische

Im überwiegend enzyklopädischen Kapitel „Der Schwarze Strom“ sind Grundlagen der Erdgeschichte, Ozeanographie und Biologie zu finden, darunter auch eine Lehrtafel mit Fischen.

In einem verbalen Schlagabtausch zwischen dem sprechenden Lexikon Conseil und dem pragmatischen Walfänger Land geht es um die damals aktuelle Systematik der Fische. Beide kennen sich offenbar mit Fischen aus, allerdings unter ganz unterschiedlichen Aspekten. Conseil repetiert mal wieder das Lehrbuch: „Dass die Fische die vierte und letzte Klasse des Stamms der Wirbeltiere bilden, ist hinlänglich bekannt. Ebenso muss man folgende Definition als völlig zutreffend betrachten: Es handelt sich um Wirbeltiere mit doppeltem Kreislauf und kaltem Blut, die Kiemenatmer sind und über die Voraussetzungen für ein Leben im Wasser verfügen. Sie gliedern sich in zwei Klassen: die Klasse der Knochenfische, jener Fische also, deren Rückgrat aus knochenartigen Wirbeln besteht, und die Klasse der Knorpelfische, deren Wirbelkörper sich aus Knorpelgewebe zusammensetzen.“ In diesem Stil geht es dann weiter durch die einzelnen Gattungen der Fische (s. Verne 2003, S. 160–161).

Diese heruntergerasselten wissenschaftlichen Texte dienen weniger der Erklärung der den meisten Menschen so fremdartigen Wasserbewohner, sondern eher der Demonstration des Anspruchs auf Gelehrsamkeit. Nach dem Verne-Biographen Dehs machte Verne sich mit solchen Textpassagen über die trockene Gelehrsamkeit mancher Zeitgenossen lustig, darum hat er der multifunktionalen Figur des Conseil solche karikaturenhafte Züge gegeben. Auch Ned Land hintertreibt die zur Schau getragene Gelehrsamkeit, indem er Conseils auswendig gelernte, im wissenschaftlichen Jargon vorgetragene Erklärungen mit seinen persönlichen Anmerkungen zur kulinarischen Verwendbarkeit der Fische ergänzt.

Beim Durchfahren der verschiedenen Meere gibt es jeweils eine Lehrtafel und eine systematische Sortierung der Fische durch Conseil. In ostasiatischen Gewässern zählt Conseil die exotischen Drückerfische, Chinesische Rochen, Grüne Lippfische, Grundeln, chinesische Makrelen, Muränen und einen Japanischen Salamanderfisch auf (s. Verne 2003, S. 164). Letzterer ist irritierend: Unter Salamanderfisch existiert im Deutschen nur ein australischer Süßwasserfisch, der nicht in Frage kommt. Allerdings gibt es im Atlantik Eidechsenfische; es könnte also ein Übersetzungsfehler sein. Aber auf der dazugehörigen Bildtafel ist statt eines Eidechsenfischs etwas ganz anderes abgebildet: der Japanische Riesensalamander *Andrias japonicus*. Ob Verne an dieser Stelle dieses Amphib vorstellen wollte oder dem Zeichner eine Verwechslung passiert ist, ist nicht bekannt. Allerdings ist *Andrias japonicus* ein prominentes Amphib mit einer so interessanten Geschichte, dass er unter „Amphibien“ auch kurz vorgestellt werden soll.

Später gibt es bei der Fahrt durchs Mittelmeer eine entsprechende Erläuterung wichtiger mediterraner Fische mit weiteren detailreichen Bildtafeln. Dabei wird der bereits damals kommerziell so wichtige Thunfisch und seine Fangtechnik hervorgehoben (s. Verne 2003, S. 396). Heute ist sein dunkles rotes Fleisch so begehrt, dass viele Arten dieser schnellen Jäger am Rand der Ausrottung stehen. Das dunkle Muskelfleisch und die hohe Geschwindigkeit des Thunfischs resultieren aus seiner sehr hohen Stoffwechselrate. So können die großen Fische, wie sonst nur noch Schwertfische und Gotteslachse, eine Körpertemperatur oberhalb der Wassertemperatur halten.

Thunfische jagen oft gemeinsam mit Delphinen Makrelen, dabei schwimmen die Thune tiefer im Wasser und die Delphine an der Oberfläche. So kommt es beim Thunfischfang, bei dem meist ein Schwarm oder Teile eines Schwarms eingekesselt und dann gefangen werden, zum Beifang und Tod vieler Delphine. Trotz der sogenannten delphinfreundlichen Ökolabels ist Thunfischfang immer noch kritisch zu betrachten, sowohl wegen des hohen Anteils des Beifangs als auch wegen der Überfischung der Thunbestände. Von diesen Problemen ahnte Verne noch nichts, sie sind erst ein Jahrhundert später in die Diskussion gekommen

In der Sargassosee berichtet der Ich-Erzähler, dass manche Naturforscher den Gesang der Trommelfische beschreiben, und ordnet dies als Seemannsgarn ein (s. Verne 2003, S. 463). Dass das Seemannsgarn in diesem Fall zutrifft und die Ozeane keinesfalls eine schweigende Welt sind, wie noch Cousteau titelte, sondern neben den Trommelfischen auch viele andere Fische Lautorgane haben, ist erst nach Verne wissenschaftlich beschrieben worden. Bis dahin wussten Fischer und einige wenige Biologen zwar, dass etwa Knurrhähne ihren Namen zu Recht tragen, wie und warum Fische kommunizieren, konnte aber erst mit dem Aufkommen der Verhaltensforschung und besseren technischen Möglichkeiten zur Aufnahme von Unterwassergeräuschen gezielter erforscht worden.

Heute wissen wir: Fische sind genauso wenig stumm wie Wale oder Krebse. Knurrhähne und andere Arten trommeln mit Muskeln auf ihrer Schwimmblase, andere Arten erzeugen Laute auf andere Weise. Die Wassertiere kommunizieren bei der Paarung, spüren mit Lauten ihre Beute oder Jäger auf und orientieren sich damit auf Wanderungen. Bei den kleinen schwarz-weiß gestreiften Preußenfischen etwa, die in vielen tropischen Meerwasseraquarien wohnen, kann man die Attacken eines Männchens bei der Revierverteidigung gut beobachten und durch die Aquarienscheiben vernehmlich hören. Mittlerweile wissen wir sogar, dass Fische im Gesicht individuelle Muster tragen und dadurch persönliche Beziehungen haben, wie die promovierte Biologin, Taucherin und erfolgreiche Autorin Helen Scales in ihrem hervorragenden Buch *Im Auge des Schwarms – von Fischen, dem Meer und dem Leben* (2020) schreibt. Durch solche Beobachtungen gestehen mittlerweile viel mehr Menschen den geschuppten Flossentieren die Fähigkeit zu, Emotionen und Schmerz zu empfinden, und sehen ihre Massenhaltung und das Massentöten nicht mehr unkritisch.

Amphibien: *Andrias japonicus* (Riesensalamander)

Vernes Riesensalamander hat sich irrtümlich auf eine Bildtafel voller Meeresfische verirrt, Salamander sind nämlich Amphibien und können im Salzwasser nicht leben: Aufgrund ihrer wasserdurchlässigen Haut vertragen sie kein Salzwasser.

Amphibien sind eine evolutiv wichtige Tiergruppe, aus der alle anderen an Land lebenden Wirbeltiere hervorgegangen sind, wie letztendlich auch wir Säugetiere. Fossilfunde zeigen, dass diese Kriechtiere in den Steinkohlensümpfen des Erdaltertums die höchst entwickelten Geschöpfe waren, unter ihnen mehrere Meter große Lauerjäger mit massiven Schädeln, breiten Mäulern und vielen Zähnen. Im Staatlichen Museum für Naturkunde Stuttgart habe ich solche Riesenmolche in der wissenschaftlichen Sammlung bestaunt;

in der Schausammlung ist ein riesiger Molch in einem Sumpfdiorama lauernd sehr lebensecht rekonstruiert.

Von der einst in vielen Formen und Größen vorkommenden Tiergruppe sind die modernen Amphibien allerdings weit entfernt, die meisten von ihnen sind klein. Davon gibt es nur zwei Ausnahmen: Die asiatischen Riesensalamander der Gattung *Andrias* und den bis zu 70 Zentimeter großen amerikanischen Schlammteufel (*Cryptobranchus*).

Der Name *Andrias* geht auf den Züricher Naturforscher Johann Jacob Scheuchzer zurück. Er hatte 1726 ein fast vollständiges 1,5 Meter langes Fossil als in der Sintflut umgekommenen Menschen beschrieben und *Andrias scheuchzeri* genannt. Bald kamen Zweifel an dieser Einordnung auf, der berühmte französische Naturforscher und herausragende Anatom George Cuvier ordnete das Fossil 1812 dann endgültig bei den Amphibien ein. Zur gleichen Zeit kamen aus Japan erste Exemplare des dort noch lebenden Riesensalamanders, der dem fossilen Salamander so stark ähnelte, dass er in die gleiche Gattung eingeordnet wurde: *Andrias japonicus*. Später wurde noch ein südchinesischer Vetter – *Andrias davidianus* – entdeckt, der den Größenrekord hält, angeblich wurde ein 1,80 großes und 60 Kilogramm schweres Exemplar gefangen.

Seevögel der Südhalbkugel: Vom Albatros bis zum Pinguin

Die endlosen Ozeane der Südhalbkugel sind der Lebensraum einer ganzen Reihe großer Meeresvögel mit ungewöhnlichen Anpassungen. Ikonische Arten wie Albatrosse und Pinguine dürfen auf Vernes Meeresexpedition selbstverständlich nicht fehlen.

Beim Abstecher in die antarktischen Gewässer beobachten die Helden also bewundernd, wie aus den an Land so plump wirkenden Pinguinen im Wasser auf einmal flinke Geschöpfe werden, die glatt mit Fischen zu verwechseln wären. Conseil und Aronnax beschreiben die südpolare Vogelfauna mit Pinguinen, Scheidenschnäbeln, Sturmvögeln und Kaptauben anatomisch und systematisch.

Über das Leben der Tiere erfahren wir an dieser Stelle allerdings nichts, sondern nur über ihre Nutzung als Ressource für Südpolexpeditionen: So hat eine französische Expedition ein Massaker unter den friedlichen Eselspinguinen angerichtet und deren schwarzes Fleisch als wohlschmeckend beschrieben (s. Verne 2003, S. 510). Die kleinen Kaptauben hingegen seien so fettreich, dass man nur einen Docht hineinstecken müsse, um sie als Ölfackel nutzen zu können.

Aus heutiger Sicht ist es schockierend, ein Lebewesen als Fackel oder zum Heizen zu benutzen. Gerade die kleinen Kaptauben habe ich während meiner Expedition auf RV *Polarstern* ins Herz geschlossen. Von meinem Platz im Krähennest des Forschungsschiffes hatte ich einen guten Blick auf die vorbeifliegenden und auf den Wellen ruhenden kleinen schwarz-weißen Vögel, die viel zu verletzlich wirkten, um dem eiskalten starken Wind und der hohen Dünung zu trotzen. Die fischten aber, zufrieden aufgeplustert und völlig unbeeindruckt von dem harschen Klima, nach Krill und anderen Leckereien. Der Name „Taube“ ist allerdings genauso irreführend wie Conseils Einordnung bei den Entenvögeln: Sie sind nämlich kleine Sturmvögel. Auch wenn sie korrekt Kapsturmvögel heißen, ist der verniedlichende Name „Kaptaube“ als Trivialname geblieben.

Sturmvögel und Albatrosse sind perfekt angepasste Hochseevögel, die fast nur noch zum Brüten an Land kommen. Beide gehören zu den Röhrennasen: Sie trinken Meerwasser und können das damit aufgenommene Salz über zwei kleine hornige Röhren auf dem Schnabel wieder ausscheiden.

Die scheinbar lustig ungeschickt dahinmarschierenden Pinguine hat ohnehin jeder sofort ins Herz geschlossen. Angesichts

ihrer Schwimmkünste und der Überlebensfähigkeit in dem kargen Lebensraum vergisst man ihre scheinbar tollpatschige Fortbewegung an Land allerdings schnell. Spätestens dann, wenn sich ein Pinguin auf den Bauch legt und mit den kräftigen Füßen zu einer schnellen Schlittenfahrt über Eis und Schnee abstößt oder mit den kräftigen stämmigen Füßen und scharfen Krallen wie mit einer Bergsteigerausrüstung Eisberge oder stählerne Schiffe erklimmt. Oder wenn man den Vogel mit den Stummelflügeln im eiskalten Ozean pfeilschnell im Unterwasserflug dahinschießen und geschickt jagen sieht.

Auf den dynamisch wirkenden Illustrationen fliegen Fregattvögel, Sturmvögel und Albatrosse um die *Nautilus*. Fregattvögel sind Jäger der tropischen Küsten, sie jagen im Flug anderen Vögeln die Beute ab. Ihr aufblasbarer Kehlsack ist unverkennbar, auch wenn auf Vernes schwarz-weißen Abbildungen das knallige Rot fehlt. Ihre schmalen Schwingen sind für Flugattacken auf andere Vögel perfekt geformt. Im Südpolarmeer kommen sie allerdings nicht vor.

Die großen Albatrosse hingegen sind ausdauernde Jäger des offenen Südpolarmeers und geschickte Fischer, sie fressen aber auch Aas. Gruselige historische Erzählungen berichten, dass sie auch Schiffbrüchige angreifen. Außerdem legen sie extreme Wanderungen zurück und steuern dabei über Monate hinweg kein Land an. So segeln sie mit gestreckten Schwingen und ohne Flügelschlag nahezu bewegungslos in den Luftströmungen über dem Meer. Der Wanderalbatros ist mit 117 Zentimetern Körperlänge die größte Art, seine Flügelspanne von über 350 Zentimetern ist der Rekord unter den Vögeln. Trotz dieser Ausmaße wiegt er nur 7 Kilogramm, er ist der geborene Flieger.

Die Abbildung im Buch zeigt diese Flugkünstler in unnatürlich theatralischer Körperhaltung. Das liegt daran, dass im 19. Jahrhundert Wildtiere oft in dramatischen Posen und Szenen präpariert und abgebildet wurden, als Merkmal ihrer Wildheit. Dass viele Wildtiere keinesfalls den ganzen Tag über dramatische Dinge tun, sondern auch oft ruhen oder entspannt ihren Angelegenheiten nachgehen, blieb dabei unberücksichtigt, denn das Publikum wollte keine schlafenden oder ruhenden Tiere sehen. Also drapierten die Präparatoren die Tiere in dramatischen Posen. Da Zeichner und Maler meist keinen Zugang zu lebenden Exemplaren oder lebensechten Abbildungen wie Photographien hatten, bildeten sie die dramatischen Körperhaltungen der Präparate ab. Genau wie auf den Abbildungen in *20.000 Meilen unter den Meeren* – auch wenn die verschnörkelten Hälse und Schwingen den Ansprüchen der Aerodynamik widersprechen.

Meeressäuger: Seekühe, Robben und Wale

Vernes Beschreibungen der Meeressäuger entsprechen ebenfalls dem Stand ihrer Zeit: Sie waren in erster Linie eine Ressource für Speck und Öl, Fleisch und, sofern sie behaart sind, Pelz.

Die 2,5 bis 4 Meter großen Seekühe (Sirenia) sind neben Robben und Walen die dritte große Gruppe der Meeressäuger. Ihre Hinterbeine sind vollständig zurückgebildet, Vorderbeine und Schwanz sind zu Paddeln geformt und eine Fortbewegung an Land ist unmöglich geworden.

Die nächsten Verwandten der Sirenen sind Elefanten; bei beiden Tiergruppen tragen die Weibchen ein Paar Milchdrüsen auf der Brust. Sirenen-Mütter säugen ihre Jungen, indem sie auf dem Rücken an der Wasseroberfläche liegen und den Nachwuchs ähnlich wie menschliche Mütter halten – sie nutzen die Brustflossen wie Arme. Vermutlich sind die Wassersäuger so zu ihrem Namen gekommen – für die abergläubischen Seeleute sahen sie mit den „Brüsten" und dem Fischschwanz aus wie die sagenhaften Meerjungfrauen. So betörend singen wie in den antiken Sagen können diese Sirenen allerdings nicht, ihr Lautrepertoire besteht vor allem aus Stöhnen und Seufzen.

Die friedlichen Pflanzenfresser leben heute nur noch in begrenzten Lebensräumen in warmen Küstenmeeren und großen Flüssen, wo sie Seegras, andere Pflanzen und Seetange äsen. Die Sirenen sind in zwei große Gruppen unterteilt: Dugongs und Manatis.

Dugongs haben gegabelte Schwänze und heißen darum auch Gabelschwanzseekühe. Sie werden meistens 3, maximal 4 Meter lang und wiegen dann um 400 Kilogramm, selten 900. Die rundschwänzigen Manatis oder Rundschwanzseekühe, die etwa vor Florida und in der Karibik leben, sind kleiner und leichter.

Die größte Seekuh war die von dem deutschen Naturforscher Georg Wilhelm Steller 1741 entdeckte nordische Steller'sche Seekuh, die etwa 30 Jahre nach ihrer Entdeckung schon wieder ausgerottet war – die 7 Meter langen arktischen Meeressäuger wurden die wehrlose Beute von Wal- und Robbenfängern. So haben wir heute nur Stellers erste Beschreibung und seine leider extrem schlechten Zeichnungen. Andere Illustratoren können die Tiere nur auf dieser Basis von Informationen aus zweiter Hand rekonstruieren. Diese gewaltigen Meeressäuger des Nordpazifiks haben einen fast mythischen Ruf und sind bis heute ein festes Element der Kryptozoologie.

Zu Vernes Zeiten waren Seekühe wenig bekannte exotische Kreaturen, von denen in Europa nur Skelette und Geschichten existierten, dementsprechend realitätsfern ist ihre Beschreibung in *20.000 Meilen unter den Meeren*:

„,Mit Verlaub, Monsieur, es ist eine Sirene', meldete sich […] Conseil zu Wort. […]

,Nein', widersprach ich Conseil, ,es ist keine Sirene, sondern ein seltenes Tier, von dem es nur noch ganz wenige im Roten Meer gibt. Wir haben einen Dugong vor uns.'" (Verne 2003, S. 369).

Als Kapitän Nemo dann mehr über das Leben dieses Meeressäugers erzählt und das hochwertige Fleisch der Seekuh erwähnt, weckt er in Ned Land die Jagdlust. So setzen sie ein Beiboot für die Dugong-Jagd aus und Prof. Aronnax nutzt diese Gelegenheit, das Tier näher anzusehen.

Danach driftet die marine Hatz endgültig ins Fabulöse ab: Dieser Dugong ist 7 Meter lang und greift verwundet seinerseits das Boot an. Das wild kämpfende Tier schlägt knirschend seine Zähne ins Holz und erst nach einem heftigen Kampf kann der Meisterharpunier den Todesstoß ins Herz anbringen: Abends verkosten die Gefährten dann den 5.000 Kilogramm schweren Meeressäuger, dabei schmeckt Prof. Aronnax das Fleisch sogar besser als Kalb- und Rindfleisch (s. Verne 2003, S. 366 ff.).

Die Ausmaße des von Verne vorgestellten Tieres entsprechen der legendären Steller'schen Seekuh des Nordpazifiks, die zu diesem Zeitpunkt längst ausgerottet war. Aggressives Verhalten ist von allen Seekühen vollkommen unbekannt. Möglicherweise liegt hier eine Verwechslung mit Walrossen vor, die, wenn sie oder ihr Jungtier bedroht werden, durchaus Boote angreifen und mit ihrer Körpermasse und den Hauern auch wirklich gefährlich für Menschen werden können. In genau solch eine Situation geriet kürzlich eine russische Arktis-Expedition: Die Forscher wurden nach einer Landexpedition bei der Rückkehr zu ihrem Schiff von einer wütenden Walrossmutter verfolgt, deren Hauer das Schlauchboot perforierten und fast versenkten. Die Menschen kamen durch die beherzte Reaktion ihres Bootsführers nur knapp und mit dem Schrecken davon.

Robben sind der vollständig im Meer lebende Zweig der Raubtiere, deren vier Beine zu Flossen umgebildet sind – darum heißen sie

Flossenfüßer (Pinnipedia). Ihr Schwanz ist zu einem kleinen Stummel reduziert und nicht an der Fortbewegung beteiligt.

Die sogenannten Hundsrobben haben keine äußeren Ohren und können sich beim Landgang nicht mehr auf alle viere hochstemmen. Unsere einheimischen Seehunde und Kegelrobben gehören dazu wie auch die Mönchsrobben des Mittelmeeres, die Verne erwähnt.

Die andere große Gruppe dieser Meeressäuger ist die der Ohrenrobben, die nach ihren äußerlich sichtbaren Ohren benannt sind. Sie können sich noch auf ihre vier Flossenfüße hochstemmen und laufen – die prominentesten sind die aus vielen Zoos und Zirkussen bekannten Seelöwen, aber auch die nordpolaren Walrosse gehören dazu.

Vernes Helden beobachten vor allem bei ihrem Aufenthalt in der Antarktis eine Vielzahl von Robben, schließlich ist das eisige Meer ein idealer Lebensraum für sie. Vernes Ich-Erzähler verklärt den Blick aus den großen feuchten Robbenaugen als so betörend wie den der mythologischen Sirenen – ein Paradebeispiel für die anthropozentrische Betrachtung der Naturphilosophen (s. Verne 2003, S. 513). Heute wissen wir, dass Robben große Augen haben, weil sie auch unter Wasser oft auf Sicht jagen und so schwaches Licht noch nutzen können. Die großen feuchten Robbenaugen wirken aber bis heute bei vielen Menschen genau wie zu Vernes Zeiten sehr emotional. Vor allem bei Menschen, die noch nie Ärger mit einer Robbe hatten, die sich auf ihrer Yacht oder an ihrem Fischmarkt breitgemacht oder mit ihrem Raubtiergebiss die Tauchausrüstung beknabbert hat.

Sehr detailreich und lebensnah schildern die Protagonisten die für ihre Pelze lange bejagten Südlichen Seebären mit ihren Haremsstrukturen und die gewaltigen Südlichen See-Elefanten, die beide ebenfalls zu den Ohrenrobben gehören. Allerdings beschreiben die

Helden dann am Südpol Walrosse und Seehunde zwar anatomisch korrekt, aber geographisch verrutscht: Die gewaltigen Walrosse mit den beiden auffallenden Hauern im Oberkiefer leben nur in nordpolaren Gewässern. Auch Seehunde gibt es am Südpol nicht, die kleinen Hundsrobben schwimmen ebenfalls nur auf der Nordhalbkugel. Ihre großen antarktischen Verwandten, die Ross- und Weddell-Robben sowie die gewaltigen Seeleoparden, kannte Verne noch nicht (s. Verne 2003, S. 514).

Delphine gehören unbedingt in eine Meeresgeschichte. Die Protagonisten beobachten gleich ganze Gruppen dieser geselligen kleinen Zahnwale. Im Atlantik und Mittelmeer leben Große Tümmler und Gemeine Delphine, die Verne sicherlich auch selbst schon beobachtet hat. Mittlerweile sind noch wesentlich mehr Arten wissenschaftlich beschrieben; die Delphin-Familie ist die artenreichste Gruppe der Wale. Die Großen Tümmler und Gemeinen Delphine tummeln sich auch vor der bretonischen Küste, sind oft vom Strand aus sichtbar und begleiten mit spielerischen Sprüngen Fischerboote und andere Wasservehikel – sicherlich haben sie auch Verne auf Seereisen begleitet. Der Ich-Erzähler charakterisiert die Kleinwale als elegant und ausgelassen und vergleicht ihre Kooperation bei der Jagd mit einer „Strategie wie Wolfsrudel" (s. Verne 2003, S. 463). Weiter beschreibt er die beobachteten Delphine als 3 Meter lang, mit schmalen langen Schnauzen, einem schwarzen Rücken und einem rosa-weißen Bauch mit einigen spärlich gesäten Tupfern.

Die Delphine jagen Fliegende Fische, die am Ende ihres kurzen Ausflugs in die Luft immer genau im „erwartungsfroh geöffneten Delfin-Schnabel, der sofort zuklappte" landen.

Zudem zitiert er noch einen dänischen Forscher, der im Magen eines Delphins „angeblich 13 Meerschweine und 15 Robben gefunden hatte. Aber dabei hatte es sich auch um einen Butskopf gehandelt, die größte bekannte Art, deren Vertreter zuweilen größer als 7 m werden" (Verne 2003, S. 463). Mit dem Butskopf ist *Orcinus orca* gemeint. Diese großen, schwarz-weißen Delphinartigen werden im Deutschen heute Orca, Schwertwal oder Killerwal genannt; Butskopf ist ein älterer Begriff aus dem nordeuropäischen Sprachraum. Diesen denkwürdigen Mageninhalt eines gefräßigen Orcas hatte der dänische Walanatom Daniel Friedrich Eschricht 1861 untersucht und 1862 publiziert. Er hatte 13 Schweinswale (früher als „Meerschwein" bezeichnet) und 14 Robben in unterschiedlichen Zuständen der Verdauung in Magen und Eingeweiden des größeren Zahnwals gefunden. Der Orca trieb tot im Kattegat; Eschricht war darüber informiert worden und konnte nicht widerstehen.

Eschrichts Assistent erhielt die undankbare, weil sehr geruchsintensive Aufgabe, die Knochen zu säubern. Das Schwertwal-Skelett schenkte Eschricht dann dem Naturhistorischen Museum in Kopenhagen, wo es bis heute aufbewahrt wird. Der erstaunliche Appetit dieses Zahnwals dürfte viel Aufmerksamkeit in ganz Europa erhalten haben, die Geschichte dieses Orcas hat Verne sicherlich in Zeitungen gefunden (s. Nicholls 2015). Allerdings hatte der Autor dann aus ungeklärten Gründen noch einen Seehund im Mageninhalt ergänzt.

Auch größeren Walen begegnet die *Nautilus*. Der Walfänger Ned Land hält Ausschau nach seiner gewohnten Beute und sichtet dann auch als Erster die Gruppe von Glattwalen. In einem Wortwechsel diskutieren Land und Aronnax die geographische Verbreitung der Tiere: Land hatte bei Grönland einen Wal erlegt, in dem eine Harpunenspitze eines Walfängers aus der Beringstraße steckte – die Harpune war aufgrund ihrer Markierung zweifelsfrei zuzuordnen. Land schlussfolgert, dass der Wal aus dem Nordpazifik wohl über den Äquator hinweg und um Kap Horn bis in den Nordatlantik geschwommen sein müsse. Aronnax erklärt ihm daraufhin, dass die nord- und südpolaren Walbestände voneinander getrennt seien und der markierte Wal einen eisfreien Weg über die nordpolare Route gefunden haben müsse (s. Verne 2003, S. 474).

Im Hintergrund dieser Erklärung steht ein ganz anderes Abenteuer, nämlich die Suche nach der berühmten Nordwest-Passage. Der britische Polarforscher und Konteradmiral John Franklin hatte 1845 auf der Letzten seiner drei Expeditionen vergeblich nach einem schiffbaren Weg durch das Eis nördlich des amerikanischen Kontinents gesucht; die gesamte Expedition wurde 1848 für verschollen erklärt. Bei den Such- und Rettungsaktionen hatte dann sein Kollege Robert McClure eine Route gefunden, musste allerdings sein Schiff dabei aufgeben. Erst der norwegische Seefahrer und Polarforscher Roald Amundsen schaffte auf seiner Expedition 1903 bis 1906 die nördliche Umrundung des amerikanischen Kontinents.

Dieses mehrseitige Gespräch über die heroische Polarerkundung dürfte also jeden damaligen Leser in Hochspannung versetzt haben wie heutzutage ein bemannter Marsflug. Tatsächlich hatten einige solcher markierten und wieder gesichteten Wale, die offenbar im Norden durch eine Verbindung zwischen Atlantik und Pazifik hindurch den Ozean gewechselt hatten, die lange und gefährliche Suche der Menschen nach der Nordwestpassage immer wieder befeuert.

Im weiteren Gespräch geht es um die mögliche Größe von Walen; hier erzählt der Walfänger von einigen fabulös-monströsen Exemplaren, von denen er gehört hat. 50 Meter lange Wale hat es jedoch zu keinem Zeitpunkt gegeben, und manche Wale werden zwar alt, aber keine 1.000-jährigen Methusalems. Conseil und Aronnax machen sich dann auch über das Walfänger-Seemannsgarn lustig. Schließlich kommt die Rede auf den Wal, der das Walfangschiff *Essex* versenkt haben soll. Herman Melvilles Epos um den weißen Pottwalbullen Moby Dick und Kapitän Ahab basiert auf dem Bericht eines Überlebenden der *Essex*, der heute als authentischer

Tatsachenbericht (s. Philbrick 2000) eingestuft wird. *Moby Dick* war 1851 erstmals erschienen. Da der Roman nicht vor 1928 ins Französische übersetzt wurde und Verne die englische Sprache nicht beherrschte, konnte er das Epos nicht selbst lesen. Allerdings kannte er vermutlich die detaillierte Zusammenfassung von Melvilles wichtigstem Roman, die 1853 in der Zeitschrift *Revue des Deux Mondes* erschienen war (s. Dehs 2005, S. 169).

Der französische Autor beschreibt korrekt die markante Erscheinung der Pottwale mit ihrem gewaltigen, kastenförmigen Kopf, der bei erwachsenen Bullen ein Drittel der Körperlänge ausmacht und ihren 25 Paar Zähnen im Unterkiefer. Auch wenn nicht alle davon 20 Zentimeter groß und 2 Pfund schwer sind, sind sie zweifellos beeindruckend. Die äußerlich sichtbare Asymmetrie der Körperhälften merkt Verne an und findet sie hässlich, unwissend, dass sie die Basis der außerordentlichen akustischen Fähigkeiten der Zahnwale im Allgemeinen und der Pottwale im Besonderen ist. Auch den inneren Aufbau des Kopfes mit dem kostbaren Walrat nennt er kurz. Mit den beiden walzenartigen Fettpolstern, dem Spermaceti-Organ und dem Junk sind Pottwale einzigartig unter den Zahnwalen. Dass diese besonderen Öle ein leistungsstarkes schallgebendes Organ bilden, die Pottwale extreme Tieftaucher sind und sogar eine eigene Kultur und Sprachen mit Dialekten haben, ist erst in den letzten Jahrzehnten erforscht worden.

Dann hat Verne seinen Melville allerdings offenbar nicht weitergelesen. Diese bis zu 20 Meter langen und bis zu 60 Tonnen schweren Zahnwale treiben sich allein oder, solange sie jung sind, in kleinen Gruppen herum, erwachsene Männchen begleiten oft Weibchen-Gruppen, vor allem während der Paarungszeit. Ansonsten halten sich die Walbullen in subpolaren Gewässern jenseits der Kontinentalschelfe und der Eisgrenze auf. Das wesentliche Merkmal der Pottwale ist, neben ihrer einzigartigen Kopfform, dass die

Weibchen wesentlich kleiner sind, nur bis etwa 12 Meter Länge erreichen und wesentlich weniger wiegen. Die Weibchen leben mit ihrem Nachwuchs in größeren Gruppen in tropischen und subtropischen Gewässern zusammen; sie sind mit ihren komplexen sozialen Beziehungen der Kern der Pottwal-Kultur und friedlich. Selbst Walfänger berichten äußerst selten von Fällen, in denen Pottwale sich gewehrt haben. Verne aber beschreibt eine Pottwal-Gruppe aus blutrünstigen Riesen – „die scheußliche Herde" –, die die Glattwale überfällt und abschlachtet. Die dazugehörende Illustration bildet einen wirklich blutrünstig aussehenden Leviathan ab.

Schließlich ergreift Kapitän Nemo Partei und eilt den Glattwalen zu Hilfe: Er setzt sein schnittiges Tauchboot als Waffe gegen die blutrünstigen Pottwale ein und verwickelt diese in einen einstündigen Kampf: „Eine Stunde lang dauerte dieses Massaker von homerischen Ausmaßen, aus dem es kein Entrinnen gab. Mehrere Male taten sich zehn oder zwölf dieser Riesen zusammen, um mit der Wucht ihrer vereinten Masse die *Nautilus* zu zermalmen. Hinter der Scheibe hockend, sahen wir ihre weit aufgerissenen, mit Zähnen gespickten Mäuler und ihre bösen kalten Augen." Schließlich hatte die *Nautilus* viele der Zahnwale getötet und die restlichen in die Flucht geschlagen (s. Verne 2003, S. 486).

Pottwale sind tatsächlich Jäger; die einzige heute lebende Art erbeutet aber vor allem Tintenfische verschiedener Größen, darunter Riesenkalmare, sowie Fische. Ihre 25 Zähne des Unterkiefers setzen sie dabei vermutlich nicht ein, denn damit würden sie die weichen Tintenfische nur zerreißen, stattdessen saugen sie sie wohl eher ein. Ein Angriff auf einen anderen Wal hingegen wurde weder beobachtet noch fanden sich dessen Reste in einem Pottwalmagen. Vernes Schilderung einer blutrünstigen Meute aus Männchen und Weibchen ist also frei erfunden.

Nur in grauer Vorzeit gab es vermutlich waljagende Pottwale wie den *Livyatan melvillei*, der vor 12 bis 13 Millionen Jahren im Pazifik vor dem heutigen Peru lebte. Der 3 Meter lange fossile Schädel trägt im Ober- und Unterkiefer große Zähne, der Rest des Tieres ist leider verschollen. Er wird auf 13,5 bis 17,5 Meter Länge geschätzt und aufgrund seiner besonders kräftigen Bezahnung als Jäger von Bartenwalen interpretiert. Dieser echte Leviathan ist aber erst 2010 wissenschaftlich beschrieben worden.

Für mich hören sich Vernes wilde Wale nach einer Verwechslung mit den Schwertwalen an. Einige Unterarten dieser großen Delphinartigen haben andere Meeressäuger auf dem Speiseplan, sie attackieren und erlegen auch große Bartenwale. Ihr veralteter deutsche Name „Raubwal“ und der englische Name „killer whale“ weisen darauf hin.

Die Glattwale tauchen in der Geschichte noch einmal in der Antarktis auf, dort geht es um ihre Nahrung. Diese Meeressäuger tragen in ihren riesigen Mäulern im hoch aufgewölbten Oberkiefer Barten von bis über 3 Metern Länge, damit seihen sie äußerst effektiv gewaltige Mengen winziger Ruderfußschnecken aus dem Ozean. Die Vorstellung, dass ein 18 Meter langer und 100 Tonnen schwerer Wal sich von zentimeterkleinen transparenten Schnecken ernährt, ist atemberaubend. Und genau diese winzigen Schnecken erspäht Prof. Aronnax am südolaren Strand in großer Menge: „Abermilliarden von Clios“ sowie Pteropoden, „von denen ein Walfisch auf einmal Tausende verschlingen kann“ (Verne 2003, S. 509). Beide Molluskenarten schwimmen mit lappenartigen Fortsätzen im Plankton mit, im Gegensatz zu ihren fast immer kriechenden Verwandten. Nur in der Menge hat Verne sich verschätzt: Ein Wal dürfte mehr als Zehn- oder gar Hunderttausende von ihnen mit einem einzigen Maul voll wegschlürfen.

Aus diesem Nahrungsreichtum resultiert die mächtigste aller tierischen Speckschichten mit bis zu 70 Zentimetern Dicke. Diese Wale waren mit ihrem Fett und ihren Barten der schwimmende Reichtum der Polarmeere und einer der Gründe für die Erkundung und Ausbeutung zunächst der Arktis und später der Antarktis. Mit ihrem Walspeck konnten ganze Städte beleuchtet werden, die Barten aus Keratin waren ein einzigartiges biegsames sowie festes Material und als Kunststoff-Vorläufer unersetzlich für Mieder, Schirme und viele andere Anwendungen.

Aufgrund ihrer Körperfülle schwimmen Glattwale langsam. Darum waren die Nordkaper- und Grönlandwalbestände im Nordatlantik schon zu Vernes Zeiten stark dezimiert. Ihr kleiner Bestand in der Biskaya war der erste Walbestand, der durch menschliche Walfänger ausgerottet worden war, in diesem Fall durch Basken.

Biolumineszenz

Beim nächtlichen Zusammentreffen mit dem geheimnisvollen Meeresungeheuer beobachtet Prof. Aronnax vom Deck der *Abraham Lincoln* aus: „[…] dass wir es mit keinem schlichten Meeresleuchten zu tun hatten, war offensichtlich. Dieses unerklärliche, intensive Licht […] ging zweifellos von dem Ungetüm aus“. Er vermutete „ein Agens von unerhörter Leuchtkraft“ und erklärt dann den Offizieren der Dampffregatte: „Dieser Glanz ist rein elektrischer Natur.“ Bis zum Morgengrauen beobachten sie den vermeintlichen Wal, „und mit dem ersten Schimmer der Morgenröte verschwand das elektrische Leuchten des Narwals“ (Verne 2003, S. 62).

Biolumineszenz ist die Fähigkeit von Organismen, selbst oder mit Unterstützung von Symbionten Licht zu produzieren. Das chemisch erzeugte Licht wabert in kalten, blau-grünen Nuancen oder in Dunkelrot. Besonders verbreitet ist das Meeresleuchten, ein grünlich-bläuliches Funkeln an der Meeresoberfläche. Es entsteht durch Bewegungen des Wassers, etwa wenn Wellen auf den Strand oder auf Hafenanlagen treffen oder auch um Schiffe herum. Dieses Leuchtphänomen wurde erstmals von griechischen Chronisten der Antike schriftlich beschrieben, dürfte aber Menschen seit der Vorzeit erschreckt haben.

Wissenschaftlich beschrieben wurde das Meeresleuchten 1835 von dem deutschen Zoologen, Mikrobiologen, Ökologen und Geologen Christian Gottfried Ehrenberg (1795–1876) bei einem zehntägigen Forschungsaufenthalt auf der Hochseeinsel Helgoland (s. Ehrenberg 1835). Für seine Forschung ruderte Ehrenberg auf die sommerliche Nordsee vor der felsigen Hochseeinsel hinaus und versuchte das Meeresleuchten einzufangen. Doch wie oft er auch eine Wasserprobe schöpfte, fand er statt eines Leuchtens immer nur winzige zerrissene Gallertkügelchen, die er bereits vom Roten Meer her kannte. Er füllte also ein großes Zylinderglas mit dem Wasser und untersuchte es schließlich in seinem Haus in immer kleineren Proben. Schließlich legte er vier der Gallertkügelchen auf ein Uhrglas als winziges Schälchen und beobachtete sie. Als er die Einzeller mit etwas Alkohol unter Stress setzte, gaben sie sofort einen hellen Lichtblitz ab. Damit hatte er den Urheber des Meeresleuchtens gefunden: *Noctiluca scintillans*, das „Meeresleuchttierchen". Der gallertige Winzling kommt im Plankton in großen Mengen vor und ist, wie wir heute wissen, kein Tier, sondern ein einzelliger Dinoflagellat oder Panzergeißler und gehört zu den Algen. *Noctiluca* hat allerdings, untypisch für ihre Gruppe, keinen Panzer, sondern besteht nur aus geleeartiger Zellstruktur.

Daneben entlockte Ehrenberg noch anderen Tieren ihre biolumiszenten Geheimnisse, darunter Medusen und Meeresringelwürmern. Nur erklären konnte er seine Beobachtung noch nicht richtig – die biochemische Umwandlung von Luciferin in Luciferase konnte er noch nicht kennen (s. Tardent 1993, S. 219). Heute wissen wir: Viele Lebewesen, ob Meeresleuchten oder Glühwürmchen, besitzen die chemische Substanz Luciferin, die beim Kontakt mit dem Enzym Luciferase Photonen, also Lichtquanten, abgibt. Wie unheimlich dieses Leuchten uns Menschen erscheint, zeigt der „teuflische" Name des Luciferins.

Obwohl wir heute von künstlichen Lichtquellen umgeben sind und Biolumineszenz gut erforscht ist, übt biologisch entstandenes Licht immer noch einen fast magischen Zauber auf uns aus, auch erfahrene Wissenschaftler lassen sich davon immer wieder bezaubern. Zu Vernes Zeit hingegen war es ein unerklärliches Wunder. Die Elektrizität auf Straßen und in Wohnungen war etwas Neuartiges und Besonderes – so helles künstliches Licht gab es zu dem Zeitpunkt noch nicht sehr lange und war nur für wohlhabende Menschen erschwinglich. Umso unvorstellbarer war dieses so künstlich erscheinende Licht im Meer, dessen Urheber noch nicht bekannt waren. Kein Wunder, dass Aronnax nach der Strandung auf dem vermeintlichen Riesen-Narwal die elektrische Beleuchtung der *Nautilus* für Biolumineszenz hielt – es war eine plausible Erklärung.

TECHNOLOGIE UND EXPLORATION ALS SHOW UND WETTSTREIT

Technologie wird in Vernes Romanen verschwenderisch eingesetzt und überwiegend positiv konnotiert; manchmal erscheint sie als Selbstzweck, mitunter wird sie als moderner Mythos regelrecht inszeniert. Die Beschreibungen der technischen Gimmicks in Text und Abbildungen lassen vor dem inneren Auge der Lesenden unwillkürlich blitzendes Messing, stabile Eisenkonstruktionen und Industrieglas überall im künstlichen elektrischen Licht entstehen. Maschinen und Vehikel sind in Bewegung und gehorchen den Anweisungen der kühnen Steuermänner und Aviatoren. Stolz erobern die Abenteurer mit Hilfe ihrer Technologien auch die letzten unbekannten Orte. Technologisch und naturwissenschaftlich fundiert unterhalten sich Vernes Protagonisten über die neuesten Errungenschaften, bewundern Erfindungen und plaudern darüber wie andere Menschen über das Wetter. Verne bildet mit solchen Gesprächen und Charakteren das Bild einer Gesellschaft im technologischen Aufbruch ab.

Das gezielte Forschen und Experimentieren war spätestens seit dem 18. Jahrhundert nicht mehr nur reichen Adligen und ihren höfischen Gesellschaften vorbehalten – mittlerweile konnte jedermann durch Bildung und Leistung zum Denker und Tüftler aufsteigen. Neue Berufe wie der des Ingenieurs und des Wissenschaftlers entstanden.

Im Begriff Ingenieur steckt das Wort „Genie“, das heute einen Menschen mit herausragenden geistigen Fähigkeiten kennzeichnet. Ingenium ist der lateinische Begriff für „sinnreiche Erfindung“ oder „Scharfsinn“; im 17. Jahrhundert entstand in Frankreich die Berufsbezeichnung „Ingénieur“ für einen Experten auf technischem Gebiet mit theoretischer Ausbildung. Von dort aus verbreitete sich die Berufsbezeichnung weiter, etwa als „Ingenieur“ nach Deutschland oder nach England als „engineer“ und „engine“ für seine Maschinen. Waren solche technischen Experten in der römischen Antike und

im Mittelalter zunächst für militärische Konstruktionen und Ausrüstung wie Waffen, Rüstungen, Festungsbauten oder Belagerungsmaschinen zuständig, verbreitete sich der Begriff später auch auf die zivile Anwendung. Ab dem 18. Jahrhundert diversifizierte sich der Beruf mit dem immer schnelleren Fortschritt und der Industrialisierung schnell.

Stetige Entwicklungen in der Kommunikation und Mobilität ermöglichten Aktionen und Aktivitäten, die nicht allzu lange davor nahezu als magische Fähigkeiten gegolten hätten. Maschinen als Erweiterung der menschlichen Arbeitskraft erbrachten stetig neue Rekorde an Geschwindigkeit, Reichweite, Kraft und anderen Disziplinen im Wettbewerb der Nationen.

Dieser internationale Wettkampf gipfelte in den Weltausstellungen, auf denen sich die Nationen mit ihren technischen, wissenschaftlichen und kulturellen Leistungen zu übertreffen versuchten. Weltausstellungen waren die Leistungsschauen und jedes dieser Spektakel musste prächtiger, beeindruckender und aufregender werden als die vorangegangene. Die Bürger identifizierten sich mit ihren Nationalstaaten.

Verne und Hetzel stellten in den *Außergewöhnlichen Reisen* als Teil des edukativen Anspruchs auch aktuelle technologische Entwicklungen vor. Ihre Helden sind modern und positiv – Herausforderungen und Rätsel lösen sie mit Fakten und Technik. Einerseits sind die Technologien die Basis für Wissenschaft und Forschung, Exploration und Erkenntnisgewinn. Andererseits scheinen die exzessive Zurschaustellung und Nutzung der Technologie manchmal auch Selbstzweck zu sein. Vernes Gentlemen nutzen Technologien nicht nur als Mittel zur Erfüllung einer Aufgabe, sondern zelebrieren diese. Technische Gimmicks und Fertigkeiten waren um 1860 einfach schick

– wer es sich leisten konnte, schmückte sich und sein Haus damit. Angefangen bei einer Taschenuhr bis hin zum Teleskop. Technische Apparaturen wurden von den Erfindern und Ingenieuren in einem Wettbewerb entwickelt und optimiert. Der Ruhm dieser einzelnen klugen Köpfe wurde im Zuge des Wissenschaftsnationalismus für nationalistische Propaganda ausgeschlachtet; besonders wichtige Erfindungen oder Entwicklungen wurden auf den Weltausstellungen präsentiert. Unvermeidlich stürzten sich die Medien darauf und befeuerten damit den Wettkampf; sie garantierten den Wettkämpfern Aufmerksamkeit und der Öffentlichkeit gute Unterhaltung.

Auch die Exploration wurde als Wettstreit der Nationen vorangetrieben. Auch wenn die *Nautilus* beim Übergang vom Roten Meer ins Mittelmeer nicht den Suezkanal nutzen konnte, weil sie damit ihr Geheimnis preisgegeben hätte, fachsimpeln Kapitän Nemo und Professor Aronnax über dieses französische Prestigeprojekt.

Mit diesem Großprojekt der künstlichen Wasserstraße hatte Frankreich England „besiegt“ und sich neben einem unschätzbaren geostrategischen Vorteil auch erhebliche Einnahmen gesichert.

Solche Explorationen und Unternehmungen dienten nur zu einem kleinen Teil der wissenschaftlichen Erkenntnis. Ein wesentlich größeres Interesse lag in der Erschließung neuer Ressourcen außerhalb Europas und in deren Ausbeutung. Der Kolonialismus beinhaltete die Besetzung rohstoffreicher oder strategisch wichtiger Regionen oder Länder und ging mit deren rücksichtsloser Ausbeutung einher. Gleichzeitig wurden die Einrichtung und der Ausbau der Infrastruktur nach europäischem Muster vorangetrieben ebenso wie die „Zivilisierung“ und Missionierung der dort lebenden Menschen, um sie als billige Arbeitskräfte ausnutzen zu können. Das Suezkanal-Projekt war dafür ein markantes Beispiel.

Die Grundlage solcher Exploration war die Geographie mit ihrer Kartierung und Länderkunde. Dabei wird diese hässliche Seite der viktorianischen Zeit im Narrativ gern unterschlagen. Sie stößt den heutigen Lesenden beim Schmökern in Vernes Werken aber regelmäßig auf und hinterlässt auf dem Glanz des Zeitalters der Entdeckungen dunkle Flecken und beim Lesen an manchen Stellen ein verstörendes Gefühl.

Mobilität und Kommunikation

In Vernes Welten experimentieren Tüftler beständig mit neuartigen Vehikeln, mit denen sie, unabhängig von Zugtieren, die Erde bis in entfernte Regionen und in bislang unzugänglichen Elementen wie Luft und Wasser bereisen und erforschen konnten. Lenkbarer Ballon, rotorgetriebenes Luftschiff, elektrische oder Dampfvehikel mit Rädern, Flossen oder Beinen ermöglichten die schnelle Fortbewegung für wagemutige und zahlungsfähige Personen. Schneller als je zuvor konnten Menschen in bis dahin unerreichbare Gegenden reisen, die Erdkugel und ihr dreidimensionaler Raum wurden erfahrbar. Diese schnellen Entwicklungen in der Wirklichkeit werden von Vernes Helden allerdings noch erheblich übertroffen. Dass manche der Gefährte wie etwa Raumschiffe futuristisch anmuten, hat Verne den Ruf eines Science-Fiction-Autors eingebracht.

Weiterhin ermöglichte die fortschreitende Technik auch die Kommunikation über große Distanzen hinweg. Der Telegraph war die erste dieser Technologien und überbrückte damit weite Entfernungen, die Unterwasser-Telegraphenkabel sogar die unerforschte Kluft zwischen den Kontinenten.

Auch Verne nutzte moderne Kommunikation: So beeindruckt Kapitän Nemo seine Gäste damit, dass er auf einer Spritztour mit seinem Beiboot außerhalb der *Nautilus* sein Tauchboot jederzeit herbeirufen kann. Das Beiboot ist nämlich über einen dünnen elektrischen Draht – ein Telegraphenkabel – mit dem Mutterschiff verbunden wie über eine metallene Nabelschnur. Innerhalb des Boots gibt es jedoch noch andere Kommunikationsformen, die den neugierigen Besuchern nicht offenstehen, sondern sie ausschließen. Damit zeigt Verne mehr als subtil, dass Information und Kommunikation auch Machtfaktoren sind (s. Verne 2003, S. 135).

Die *Nautilus*

Nemos genial konstruiertes Tauchboot *Nautilus* und seine Ausstattung waren der Gipfel der damaligen Technologie und ein Stückchen darüber hinaus. Immer wieder zieht Kapitän Nemo eine weitere überraschende Technologie aus seiner Trickkiste und bringt die drei Protagonisten zum ehrfürchtigen Staunen, in seltenen Fällen auch zum Widerspruch. Nemo ist sich seiner technischen Überlegenheit immer sicher und führt diese mit spannungssteigernden Ansagen und Vorankündigungen vor. Selbstverständlich setzt er Technologie zur Durchsetzung seiner persönlichen Interessen und Haltungen ein und entzieht sich gleichsam seiner Verantwortung, indem er bei Bedarf einfach abtaucht und weiterfährt.

Für Nemo ist sein einzigartiges und genial durchdachtes Vehikel sein Lebenswerk. In der Vorstellung der Überlegenheit der *Nautilus* gegenüber herkömmlichen Schiffen spiegelt sich auch seine eigene Überlegenheit: „Wenn auf einem eurer Schiffe, die den Wechselfällen des Ozeans ausgesetzt sind, alles voll Gefahr ist; so hat da unten an Bord der *Nautilus* das Gemüt des Menschen keinen Grund zur Besorgnis mehr; da ist kein Leckwerden zu fürchten, keine Beschädigung des Takelwerks oder der Segel, kein Zerspringen der Dampfkessel, keine Feuersbrunst, kein Kohlenmangel, kein Zusammenstoß und kein Sturm. Einige Meter unter der Oberfläche ist unbedingte Ruhe der Gewässer. Das, mein Herr, das ist ein Schiff, wie es sein soll!“ (Verne 2003, S. 146), so rühmt Kapitän Nemo gegenüber Prof. Aronnax seine *Nautilus*.

Im Kapitel „Die *Nautilus* in Zahlen“ stellt Nemo stolz anhand einer Risszeichnung die Abmessungen und Leistungen des Tauchboots vor: „Es handelt sich um einen langgezogenen Zylinder mit konischen Enden, wodurch es deutlich die Form einer *Londres*-Zigarre hat. [...] Seine Länge beträgt genau 70 Meter, seine größte Breite 8 Meter; [...] es ist stromlinienförmig genug, um das Wasser leicht verdrängen zu können“ (Verne 2003, S. 139). Außerdem habe das Boot zwei Rümpfe aus fugenlos aneinandergefügten Stahlplatten, damit sei es besonders stabil. Navigiert wird es mit Höhen- und Tiefenrudern und erreicht damit eine Geschwindigkeit von bis zu 90 Kilometern pro Stunde. Von solcher Höchstgeschwindigkeit träumt heute jeder U-Boot-Fan – selbst Atom-U-Boote sind weit davon entfernt; dieses Tempo erreicht höchstens ein gut gelaunter Delphin.

Auf die Frage nach der Herkunft der technischen Bauteile zählt Kapitän Nemo die renommierten Hersteller dieser Zeit auf: „Sein Kiel wurde zu Creuzot geschmiedet, die Welle seiner Schraube von Pen & Cie. in London, die Platten für den Rumpf bei Leard zu Liverpool, die Schraube bei Scott in Glasgow. Seine Behälter wurden von Cail & Cie. zu Paris gefertigt, seine Maschine von Krupp in Preußen, sein Schnabel zu Motala in Schweden, seine Instrumente bei Gebrüder Hart in New York“ (Verne 2003, S. 147) – mit diesem Namedropping erzeugt Verne Authentizität für das visionäre Unterwasservehikel. In unserer Zeit bezeichnen wir so etwas als Produktplatzierung und Marketing. Ob Verne dadurch einen geldwerten Vorteil hatte, ist nicht bekannt. Auf jeden Fall ist das Kapitel ein Highlight für Personen, die gern in Daten schwelgen.

Die *Nautilus* gleicht mit ihrer schlichten Spindelform und glatten hydrodynamischen Hülle zwar dem ersten französischen Marine-U-Boot *Le Plongeur*, dessen Modell Verne auf der Weltausstellung gesehen hatte. Im Innern versteckt sich allerdings ein Luftschloss: Wo ein echtes Tauchboot mit Lufttanks und Maschinenraum schon so weit ausgefüllt ist, dass es die Crew zu einer Existenz in quälender Enge zusammenpfercht, entfaltet die *Nautilus* in ihrem Innern großzügige Fluchten von Salons und geräumigen Gemächern sowie eine Bibliothek mit Orgel und naturwissenschaftlichen Sammlungen.

Dafür ist die eigentliche Zentrale des Schiffes mit dem Steuerhaus sehr klein und unterdimensioniert. Tatsächlich haben heutige U-Boote kein Steuerhaus wie ein Überwasserschiff, sondern eine zentrale Kommandobrücke im Innern mit vielen verschiedenen Funktionen inklusive der komplexen Anforderungen für das Tauchen. Große Tauchboote sind heute immer militärisch genutzt, darum ist die Zentrale der Ort, an dem die Steuerung und Navigation über und unter Wasser, Kommunikation und Sonar sowie andere elementare Funktionen eines militärischen Unterwasserschiffs positioniert sind. Diese Kommandobrücke ist der Aufenthaltsort für den Kommandanten, die Wachoffiziere und beinhaltet die verschiedenen Arbeitsplätze für die Spezialisten. Damit würde sie deutlich größer ausfallen und Tag und Nacht von mehr Menschen besetzt sein als einem einsamen Rudergänger. Bei einem Unterwasserschiff ist die umfassende Tauch- und Antriebstechnik platzheischend, dazu kommen noch die Tanks für den Luftvorrat. So bleibt entsprechend wenig Platz für die Besatzung, vielmehr herrscht Enge und 24-stündige Betriebsamkeit. Auch wenn die Enge auf heutigen Marine-U-Booten möglicherweise nicht mehr ganz so qualvoll klaustrophobisch ist wie etwa im Zweiten Weltkrieg – wie Lothar Buchheim in seinem Roman *Das Boot* sehr anschaulich schilderte –, ist Platz immer noch ein großer Luxus.

Mit „Die Segnungen der Elektrizität" ist der neuen vielfältigen Energieform ein eigenes Kapitel gewidmet, in dem Nemo dem staunenden Aronnax die Anwendungen an Bord der *Nautilus* vorführt (s. Verne 2003, S. 129).

Eine ganze Weile später setzt Nemo die Elektrizität als Waffe ein: „Als ich mir vor Augen führte, dass die wunderbare elektrische Kraft nicht nur das Fortkommen, die Beleuchtung und die Wärme in der *Nautilus* garantierte, sondern dass sie darüber hinaus auch noch als Waffe gegen Angriffe von außen eingesetzt wurde und das Unterwasserschiff somit zu einer uneinnehmbaren Festung machte, der kein Feind etwas anhaben konnte, wuchs meine Bewunderung ins Grenzenlose und übertrug sich fast automatisch vom Gerät auf dessen Baumeister" (Verne 2003, S. 274), schwärmt Professor Aronnax daraufhin.

Den Maschinenraum und die Energiezentrale der *Nautilus* erlebt Aronnax als hell erleuchtete Halle von 20 Metern Länge (s. Verne 2003, S. 136) mit zwei Abteilungen: einer zur Stromerzeugung und einer, in der die elektrische Energie mechanisch auf den Schraubenantrieb übertragen wird. Anders als Maschinenräume von Schiffen mit Diesel- oder Dampfantrieb ist dieser Saal weder rußig noch schmierig und riecht auch nicht nach Diesel, Öl oder Kohle. Stattdessen erschnuppert der Professor etwas anderes: Natrium, wie Nemo ihm erklärt. Natrium gewinne er aus dem Meerwasser, so Nemo, und setze es in Bunsen-Elementen ein. Diese von dem deutschen Chemiker Konrad Bunsen konstruierten galvanischen Elemente erzeugten Spannung und sind frühe Batterien. Nemo hat besonders leistungsstarke Elemente entwickelt, von denen aus der Strom über mächtige Elektromagnete und über Hebel und Zahnräder schließlich mechanisch auf die Schrauben mit 6 Metern Durchmesser übertragen wird.

Auch viele der Instrumente, die Destillation von Trinkwasser und das Kochen funktionieren elektrisch. Letzteres sei aber eher noch im Experimentierstadium: „Unter den Herden zusammenlaufende Drähte vermittelten elektrische Impulse an Platin-Schwämme, die sich darauf erhitzten und gleichmäßig und beständig glühten" (Verne 2003, S. 136). Damit nahm Verne den später weit verbreiteten E-Herd vorweg, der gerade in den dicht besiedelten Städten mit ihren oft kleinen Küchen eine wichtige Innovation war.

Die unsichtbare Energieform ermöglichte eine zuverlässige Beleuchtung unabhängig vom Tageslicht und damit das Lesen und Arbeiten zu selbstgewählten Zeiten. Stärker und sicherer als Gasbeleuchtung und wesentlich vielfältiger einsetzbar bedeutete sie einen echten Gewinn für den gesamten Alltag. Daneben war sie unabdingbar für die Energieversorgung vieler neumodischer Erfindungen. In *20.000 Meilen unter den Meeren* ist die neue Wunderkraft zunächst positiv konnotiert, bis Nemo sie zur Abwehr von Angreifern einsetzt.

Vernes Befürchtungen, was die Moderne und ihre Technologien wie die Elektrizität gesellschaftspolitisch, kulturell und für die einzelnen Menschen bedeuten könnte, hat er erst später in seiner Dystopie *Paris im 20. Jahrhundert* verarbeitet: Dort wird aus der märchenhaft verklärten „Fee Elektrizität", wie die neue Energiequelle ab 1851 dem staunenden Publikum auch auf den Weltausstellungen vorgeführt wurde, der „Dämon Elektrizität". Dem musikliebenden Verne erscheint eine elektronisch erzeugte Musik als qualvolle Folter seines Musikergehörs. Und noch schwerwiegender war sein Entsetzen angesichts des ebenfalls auf einer Weltausstellung präsentierten elektrischen Stuhls: In der Hinrichtung per Stromschlag sah er die schleichende Enthumanisierung der Lebenswirklichkeit (s. Dehs 2005, S. 93).

Als Energieversorgung für U-Boote hatte der französischen Ingenieur Olivier Riou 1861 erstmals Elektrizität vorgeschlagen. 1886 wurde nämlich Admiral Hyacinthe Laurent Théophile Aube, der ein großer Anhänger elektrisch betriebener U-Boote war, zum Marineminister ernannt. Allerdings musste er dazu erst einmal seine Kritiker überzeugen, also ließ er den Ingenieur Gustave Zédé den experimentellen Prototypen *Gymnote* fertigen. Zwischen 1886 und 1891 ließ Aube dann 29 solcher Boote bauen. Allerdings bot die damalige elektrische Energieproduktion nicht genug Energie für einen effektiven Betrieb. So waren noch viele weitere Tüfteleien und viele Jahrzehnte nötig, bis die U-Boote als eine ernstzunehmende Waffe im Seekrieg eingesetzt werden konnten, auch mit Hilfe elektrischer Antriebe (s. Bishop 1916, S. 59).

Gerade für die Unterwasserfahrt war lange Zeit Elektrizität der einzige Antrieb: Beim diesel-elektrischen Antrieb läuft die Überwasserfahrt per Diesel, der Luftzufuhr benötigt. Dabei werden Batterien aufgeladen, die dann die elektrische Tauchfahrt ermöglichen. In jüngerer Zeit kamen neue U-Boot-Antriebe dazu, etwa die Kombination von Dieselgenerator, Brennstoffzelle, Akku-Anlage und Elektromotor oder die Atomkraft.

Tauchanzug und Atemgerät

Eine Prozession von Gestalten in unförmigen Anzügen mit der charakteristischen Silhouette eines Metallhelms auf dem Kopf und klobigen Stiefeln an den Füßen macht einen Spaziergang auf dem Meeresboden – diese Abbildung ließ damals sicherlich den Puls der abenteuerlustigen Schmökernden höher schlagen (s. Verne 2003, S. 185).

1868 waren die ersten Skaphander (Scaphander, franz.: scaphandre), so die alte Bezeichnung für die gepanzerten Helmtaucheranzüge, bereits erfunden und in der Erprobung, aber unerreichbar weit entfernt für die meisten Menschen. Das hautnahe Erlebnis dieser fremdartigen Unterwasserwelt in einem für Menschen lebensfeindlichen Element dürfte für damalige Leser etwa so aufregend und unvorstellbar gewesen sein wie die ersten Schritte von Astronauten auf einem fremden Himmelskörper.

Die Erfindung des Tauchanzugs geht auf den gelernten Hutmacher Joseph-Martin Cabirol zurück, der sich in Paris als Gummifabrikant niedergelassen hatte und mit diesem Naturstoff aus dem eingedickten Saft asiatischer Pflanzen an neuen Anwendungen tüftelte. Wegen seiner vielfältigen technischen Einsatzmöglichkeiten war Gummi ein wichtiges Produkt aus den tropischen Überseekolonien. 1846 erhielt Cabirol ein Patent auf die Verarbeitung des gummiartigen Guttapercha. Durch die Kombination von Leinwand und Guttapercha erhielt er ein Gewebe mit neuartigen Eigenschaften und konstruierte daraus Schutzanzüge für Umgebungen ohne atembare Luft. 1855 bekam er ein weiteres Patent auf ein Helmtauchgerät, das über einen Schlauch mit Luft versorgt werden konnte: Der Scaphandre.

Über ein Ventil konnte der Taucher unter Wasser die ausgeatmete Luft aus dem Helm entfernen. Der Helm hatte mehrere Sichtöffnungen aus Glas, so dass der Taucher sich orientieren und darin arbeiten konnte. Damit hatte Cabirol den Helmtauchanzug mit so genialen Neuerungen weiterentwickelt, dass sein Skaphander, so der deutsche Begriff, auf der Pariser Weltausstellung 1855 eine Medaille erhielt und der ehemalige Hutmacher ab 1857 die französische Marine damit ausstatten durfte (s. Wikipedia: Joseph-Martin Cabirol).

1865 entwickelten der Bergbauingenieur Benoit Rouquayrol und der Marineingenieur Auguste Denayrouze für die schweren Helmtaucher noch einem zylinderförmigen Tank mit komprimierter Luft. Außerdem hatten sie auf der Basis eines Gasreglers einen Atemregler entwickelt. Dieses geschlossene Tanksystem für Arbeiten unter Wasser oder in vergifteter Atmosphäre konnte einen Menschen eine Stunde lang mit Atemluft versorgen. Damit war er erstmals unter Wasser autark und der Anzug ohne Schlauchverbindung nach oben deutlich beweglicher (s. Otto 2001).

„Scaphandre“ ist eine Wortschöpfung aus den griechischen Worten für Boot: skaphe (*σκαφη)* und Mann: andros (*ανηρ*, Genitiv). Ausgedacht hat sich diese Wortneuschöpfung der französischen Erfinder Jean-Baptiste de La Chapelle, der um 1770 einen Spezialanzug für Nichtschwimmer mit einem Korkgürtel als Auftriebshilfe konstruiert hat. Cabirol griff diese Bezeichnung des Überwasseranzugs für seinen Unterwasseranzug auf. Im 20. Jahrhundert wurde der Begriff Skaphander dann in der Sowjetunion und den Staaten des sogenannten Ostblocks für Raumanzüge recycelt.

Ein Spaziergang auf dem Meeresboden ist in einem solchen gepanzerten Skaphander übrigens mit Sicherheit kein Vergnügen, sondern eine physisch und psychisch extrem fordernde Schwerstarbeit. Der Begriff ist genauso verharmlosend wie „Weltraumspaziergang“ für die Außenbordeinsätze der heutigen Astronauten, Kosmonauten und Taikonauten in ihren schweren Anzügen für die Extravehicular Activities (EVAs) – Einsätze außerhalb des schützenden Raumschiffs. Solche Einsätze verlangen nicht nur viel Muskelkraft und eine exzellente physische Konstitution, sondern auch Training und Mut.

Messinstrumente und Zahlenfetische

Das metrische System war in Frankreich von der Académie des Sciences im Auftrag der Nationalversammlung entwickelt worden. „1791 empfahl die Académie, die Längeneinheit aus Messungen eines Meridianquadranten zu berechnen. Die Messungen des

Meridianbogens zwischen Dünkirchen und Barcelona begannen 1792, und am 7. April 1795 führte der Nationalkonvent das sogenannte *metrische System in Frankreich* ein. Ein bereits 1793 hergestelltes Strichmaß aus Platin (›mètre provisoire‹) sollte das *Meter* (von griech. ›métron‹ Maß) als zehnmillionsten Teil des Erdmeridianquadranten repräsentieren" (Lexikon der Physik 1998).

Die Vereinheitlichung auf der Basis von Naturkonstanten war topmodern und international gedacht. Darum wurde sie in Frankreich 1816 unter der Herrschaft der Bourbonen-Könige zunächst wieder verboten. Erst 1837 griff man in Frankreich das metrische System erneut auf, und ab dem 01.01.1840 galt es verbindlich. Immer mehr Staaten Europas schlossen sich daraufhin dem metrischen System an. So wurde es in Deutschland durch die Maß- und Gewichtsordnung von 1868 für den Norddeutschen Bund und zum 01.01.1872 für das Deutsche Reich eingeführt. Ab 1875 galt es mit der Internationalen Meterkonvention in 17 Staaten (s. Lexikon der Physik 1998).

In dieser Zeit wurden immer neue Instrumente mit immer größerer Präzision entwickelt. Die industrielle Fertigung präziser metallener Teile und von stabilem Industrieglas machten sie immer zuverlässiger und erschwinglicher. Wohlhabende Bürger nutzten sie als Statussymbole, von der präzisen Taschenuhr bis zu astronomischen, optischen oder Navigationsinstrumenten in den Bibliotheken und Herrenzimmern.

Auf den jungen Jules Verne hatten die Instrumente im Zimmer seines Vaters eine große Anziehungskraft, was sich auch in seinen Romanen abbildet. Die Geräte im Steuerhaus der *Nautilus* und an anderen Stellen im Text sowie auf Abbildungen und Nemos Stolz darauf zeigen ihre Bedeutung. Auf die Spitze treibt der französische Autor die Zahlenbesessenheit allerdings mit seinem englischen

Helden Phileas Fogg, der seine *Reise in 80 Tagen um die Welt* nur schafft, weil er nach Osten reist und so einen Tag gewinnt. Im Fall des Phileas Fogg hat dessen Uhrzeit-Fetischismus schon ironische Züge, der Franzose Verne führt den hektischen Angelsachsen damit auch vor.

Ein Ausreißer aus dem metrischen System ist das nautische Umfeld, was an der Astronavigation mit dem Sextanten liegt: Die Seemeile soll 1/60 Breitengrad – also einer Winkelminute – am Äquator entsprechen; später wurde sie ins metrische System umgerechnet und mit 1852,00 Metern definiert. Diese Maße finden sich auf jeder Seekarte wieder und bringen jede Landratte zum stetigen verzweifelten Umrechnen. Davon abgeleitet wird die Geschwindigkeit von Schiffen bis heute in Seemeilen pro Stunde, gemessen in Knoten.

Der Titel *20.000 lieues sous les mers* bezieht sich auf die zurückgelegte Strecke der *Nautilus* durch die Ozeane, das unterstreicht die geographisch-ozeanographische Exaktheit dieser Expedition. Auch die weitere Erzählung ist mit geographischen Angaben sowie dem Datum bezeichnet, wie in einem echten Expeditionsbericht. Damit gab Verne seinen fiktiven Helden in ihren fiktiven Vehikeln den Anstrich der Beweisbarkeit. Schließlich wussten sie immer, wann sie sich wo befanden und wohin sie unterwegs waren.

Hatte die Industrialisierung einen Gleichschritt der zeitlichen Taktung innerhalb von Städten und Regionen bedeutet, der sich schließlich über Landesgrenzen hinweg ausdehnte, machten die neuen Mobilitäts- und Kommunikationstechnologien eine zeitlich gleiche Taktung ganzer Länder und Kontinente notwendig. Überregionale und internationale Eisenbahn- und Schiffsstrecken konnten nur bei grenzübergreifender, verbindlicher Zeitmessung funktionieren.

Immer bessere Zeitmessgeräte wurden für immer mehr Menschen erschwinglich und selbstverständlich, Uhren waren längst ein wichtiges Accessoire auch zur Machtdemonstration des gebildeten Gentlemans – damit zeigte man, dass man es sich leisten konnte und wichtig genug war, um sich pünktlich verabreden zu müssen.

Gegen Vernes uhrzeitbesessenen Weltreisenden Phileas Fogg wirken die Protagonisten in ihrem abgeschiedenen Tauchboot wie aus der Zeit gefallen. Was sie ja auch waren – schließlich sind sie in der *Nautilus* nicht nur im Schiff, sondern auch in Nemos Zeitblase gefangen. Als Gipfel der Allmacht ist Nemo nämlich auch der Herr der *Nautilus*-Zeit, er hat seine eigene Zeitrechnung eingeführt: „Schauen Sie sich einmal diese Uhr an. Sie wird elektrisch angetrieben und läuft mit einer Regelmäßigkeit, die selbst von den besten mechanischen Chronometern nicht übertroffen wird. Ich habe sie wie italienische Uhren in 24 Stunden unterteilt, denn für mich gibt es weder Tag noch Nacht, weder Sonne noch Mond, sondern allein dieses künstliche Licht, dass bei meinen Fahrten unter dem Meer scheint. Sehen Sie: jetzt ist es gerade zehn Uhr morgens“ (Verne 2003, S. 134). Damit ist der Tauchboot-Kommandant sogar unabhängig von Sonne und Mond.

Geographie und Exploration

Die schnellen technischen Fortschritte vor allem in der Mobilität und bei Messgeräten ermöglichten die Exploration bis in die letzten Winkel noch unerforschter Kontinente und Ozeane und die immer detailliertere und umfangreichere Abbildung der Geographie. Mit den Expansionsbestrebungen der europäischen Staaten kam der Geographie auch eine zentrale strategische Bedeutung zu. Darum ist die Kartierung zu Wasser und zu Lande bis heute eine militärische Disziplin, seit einigen Jahrzehnten sogar aus dem Weltall.

Eine der Illustrationen zeigt eine Karte, auf der die Route der *Nautilus* eingezeichnet ist (s. Verne 2003, S. 154). Wer kennt nicht das Gefühl der Verzauberung, wenn man mit dem Finger auf einer Karte eine aufregende Expedition nachvollzieht? Zumindest vor dem inneren Auge der Imagination ist man dann bei der Expedition dabei. In einer Zeit, in der nicht jedes Kind über Atlas und Globus verfügte, waren Vernes Expeditionskarten sicherlich eine Kostbarkeit.

Einige noch unerforschte Orte und einige besondere Projekte hatten zu dieser Zeit eine regelrecht mythische Bedeutung, wie der Südpol und der Suezkanal.

Mythos Südpol

Die meisten Küsten der Erde waren gut kartiert und auf Abbildungen reproduziert, auch das Innere der Kontinente wurde allmählich bekannt. Die unter ihren Eismassen unzugänglichen Pole gaben allerdings noch Rätsel auf: Befanden sich unter dem ewigen Eis der Arktis und Antarktis Landmassen?

Trotz vieler entbehrungsreicher Expeditionen war es 1868 noch niemandem gelungen, den Nord- oder Südpol zu erreichen. Zwar waren schon einige Unternehmungen aufgebrochen, sie waren jedoch gescheitert und viele der Wagemutigen sogar umgekommen. Erst 1909 erreichte der US-amerikanische Polarforscher Robert Peary (angeblich) den Nordpol und 1911 der norwegische Polarforscher Roald Amundsen den Südpol.

Damit hatte Verne noch freie Hand bei der Ausgestaltung seines imaginären Südpols: Kapitän Nemo manövriert die *Nautilus* so weit wie möglich durch freies Wasser an den Pol heran und steigt dann aus, um ihn zu Fuß zu erreichen. Vernes Südpol liegt auf einer Insel, wo Nemo einen Berg erklimmen muss, um möglichst nahe am Pol eine Flagge mit einem „N“ aufzustellen – ein weiterer Ausdruck seines Größenwahns. Die Navigation zum Zielpunkt steht unter starkem Zeitdruck, denn die Polarnacht mit ihrer monatelangen Finsternis rückt unerbittlich näher. Ohne die Sonne, so erklärt Nemo, ist jedoch die genaue Positionsbestimmung nicht möglich.

Neben dem mythologisch überhöhten geographischen Südpol, der an sich schon eine extreme Herausforderung ist, kommt also zusätzlich wieder einmal ein extremer Zeitdruck hinzu.

Auf dem Rückweg taucht die *Nautilus* unter der für Schiffe unüberwindlichen Eisbarriere hindurch. Dabei wird das Boot von einem herabstürzenden Eisberg beschädigt und unter Wasser festgehalten. Nur mit technischer Präzision und harter Arbeit kann die Besatzung die *Nautilus* befreien und dem Erstickungstod knapp entkommen. Auch dort wird eine dramatische Situation noch dramatischer durch den extremen Zeitdruck wie in jedem guten Abenteuerplot. Zeitdruck als Action-Element ist bis heute ein probates Mittel zur Spannungssteigerung.

Die Beschreibung der antarktischen Tierwelt ist durch mehrere Expeditionen in antarktische Gewässer bekannt gewesen, auch wenn Verne irritierenderweise noch Eisbären dazudichtet. Möglicherweise brauchte er zur Spannungssteigerung noch ein Tier, das den Forschern hätte gefährlich werden können. Dabei hätten Skuas, Orcas und Seeleoparden als Bedrohung doch durchaus gereicht, wie andere Polarreisende erfahren mussten.

Die große antarktische Raubmöwe (Skua) ist furchtlos gegenüber Menschen und kann mit ihrem scharfen Schnabel schwere Verletzungen verursachen. Orcas sollen versucht haben, Polarforscher, die auf Eisschollen standen, zu erwischen – heute wissen wir, dass Schwertwale mit selbst aufgebauten Wellen Robben geschickt von Eisschollen spülen. Sie können auch Eisschollen zerbrechen oder sich Tiere vom Strand schnappen, eine übliche Nahrungsstrategie chilenischer Orcas. Auch von der Begegnung mit Seeleoparden ist eher abzuraten, nach den Orcas sind sie die Nr. 2 der Antarktis und ergreifen mit ihren mächtigen Kiefern andere Robben oder auch große Pinguine.

Aber die Südpolar-Erforschung hatte gerade erst begonnen und damit auch die Interaktionen mit der Tierwelt. Die französische Forschung ist in dieser Zeit spärlich gewesen, 1838 hatte Dumont d'Urville eine Expedition mit der *Astrolabe* unternommen, danach war diese Südpolarforschung erst einmal beendet. Darum mussten wohl die bekannten Eisbären für den Monster-Thrill an Vernes antarktischem Abenteuer sorgen.

Als Franzose stellte Verne natürlich die *Astrolabe*-Fahrt und Dumont d'Urville bevorzugt vor, wenngleich sie im Vergleich zu Expeditionen anderer Nationen wenig erfolgreich war.

Mythos Suezkanal

Der Suezkanal ist ein Paradebeispiel für den technischen und wissenschaftlichen Nationalismus dieser Zeit. Die Landenge von Suez trennt das Rote Meer vom Mittelmeer. Schon im antiken Ägypten verlief dort ein Kanal, wenn auch nicht exakt an der gleichen Stelle: der Bubastiskanal. Mit Napoleon Bonapartes Ägyptenfeldzug wurde die Idee, eine schiffbare Wasserstraße zu bauen, wieder aufgegriffen.

Napoleon war in Ägypten einmarschiert, weil er das Land als strategischen Brückenkopf für einen Angriff auf Britisch-Indien nutzen wollte. So besuchte der Militärstratege Bonaparte 1798 zum ersten Mal Suez, fand dort die Reste des pharaonischen Kanals und ließ eine Gruppe Ingenieure Vermessungen durchführen. Seitdem wurde diese Idee vor allem in Frankreich immer wieder begeistert diskutiert. Die Briten hingegen reagierten abwehrend, da sie zu Recht mögliche französische Störungen ihres Britisch-Indien-Handels fürchteten. Allerdings waren auch sie an einer kürzeren

Verbindung für eben diesen Handel interessiert und schlugen darum eine Eisenbahnverbindung zwischen Alexandria und Suez vor.

1854 gab es zwar immer noch keine genauen Baupläne oder auch nur eine Idee für den genauen Verlauf dieses Kanals geschweige denn eine Kostenkalkulation. Aber der französische Diplomat und Unternehmer Ferdinand de Lesseps hatte sich der Organisation dieser Idee angenommen und trieb sie beharrlich voran. Die Vision, zwei Meere durch eine künstliche Wasserstraße zu verbinden, ließ ihn nicht los. Das Bauprojekt war aufgrund seiner politischen Brisanz und seiner finanziellen und technischen Herausforderungen ein Bauprojekt der Superlative, darum dauerten die Vorverhandlungen noch eine ganze Weile an. Dabei wogte auch der Interessenkonflikt zwischen Frankreich und Großbritannien immer wieder hin und her. Schließlich bekam de Lesseps eine Konzession zum Bau des Kanals. Seine Versuche, die britische Regierung umzustimmen, liefen allerdings weiterhin nicht gut.

De Lesseps gründete daraufhin die private Suezkanalgesellschaft. Immer wieder kam es zu Problemen, unter anderem auch, weil er mitten in der Wüste und weitab von jeglicher Infrastruktur bauen musste. Dort gab es weder ausgebildete Fachkräfte mit eingespielten Teams noch moderne technische Ausrüstung. Stattdessen wurde der Kanal von vielen Arbeitern per Hand und Schaufel ausgehoben. Auf der gigantischen Baustelle waren zeitweise mehr als 20.000 Arbeiter tätig, 1600 Kamele waren allein für ihre Trinkwasserversorgung nötig. Immer wieder führten politische Probleme zu Verzögerungen und weiterem Streit. Dennoch fand am 16. und 17. November 1869 eine pompöse Feier zur Eröffnung der 162 Kilometer langen künstlichen Wasserstraße vor 6.000 ausländischen und 25.000 ägyptischen Gästen statt, darunter viele europäische Monarchen und andere Prominente der damaligen Zeit.

In einem Reiseabenteuer wie *20.000 Meilen unter den Meeren* darf dieses Prunkstück französischer Ingenieurskunst und Bauwerk der Superlative keinesfalls fehlen. Kapitän Nemo aber nutzt mit seiner *Nautilus* einen natürlich entstandenen Tunnel neben dem Kanal. Diese Verbindung habe er entdeckt, weil Fische zwischen dem Mittelmeer und dem Roten Meer hin- und herschwimmen konnten. So fährt das Tauchboot neben dem berühmten Kanal durch einen unterirdischen Geheimgang und bleibt unentdeckt.

VERNES VISIONEN – UTOPIE, NACHHALTIGKEIT UND DYSTOPIE

In der zweiten Hälfte des 19. Jahrhunderts wurde durch die starke und schnelle Ausbeutung vieler natürlicher Rohstoffe manchen Menschen deren Endlichkeit bewusst. Vor diesem Hintergrund ist die aggressive kolonialistische Expansion dieser Zeit zu sehen, denn dabei ging es um die Entdeckung, Sicherung und Verfügbarkeit von Ressourcen außerhalb Europas für die unersättlichen Fabrikschlünde der Industriemächte. Darum rückte auch das Meer mit seinen lebenden und nicht-lebenden Reichtümern, die scheinbar niemandem gehörten, in den Fokus.

Welche strategische Bedeutung das Meer in der Sicherung der Versorgung für ganze Nationen einnahm, wird in der deutschen Politik Ende des 19. Jahrhunderts deutlich. Das Deutsche Reich war bis dahin keine Seemacht und begann erst spät, sich Kolonien in Übersee zu sichern. So geriet es gegenüber anderen europäischen Staaten ins Hintertreffen (s. Palla 2016). Als der deutsche Kaiser Wilhelm II. das Meer zu Deutschlands wichtigster Kolonie erklärte, folgten der gewaltige Ausbau der deutschen Kriegsflotte und der konsequente Aufbau der Fischereiforschung für die strukturierte Ausbeutung der Fischbestände im industriellen Maßstab. England und Frankreich waren mit ihren langen Küsten und der traditionell wichtigen Seefahrt dem deutschen Reich mit seinem eher umständlichen, begrenzten Zugang zum offenen Ozean weit voraus. Damit hatte die Industrialisierung auch die Ozeane erreicht.

Verne hatte diese Entwicklungen verfolgt und weitergesponnen. Eine wichtige Quelle war Michelets episches Werk *La Mer* aus dem Jahr 1861. Darin beschrieb Michelet zu einem frühen Zeitpunkt die weitreichenden Auswirkungen der Industrialisierung auf die Ozeane und warnte deutlich vor dem Raubbau. Mehr Naturphilosophie und Moral als Naturgeschichte, war das Werk zu Vernes Zeit eines der wenigen umfassenden Werke über die Ozeane und das Verhältnis von Menschen und Meer, heute würde man seinen Text vermutlich als Technologie-Folgenabschätzung bezeichnen. Das wütende Abschlachten ganzer Tierbestände durch Menschen nennt er die „Schule der Grausamkeit" und einen Krieg gegen Tiere und indigene Menschen. Weiter schreibt er: „Zu dem Naturhass des Mittelalters kam mit schrecklichen, massenhaft und gefahrlos aus der Ferne tötenden Maschinen versehene kaufmännische Gier hinzu" (s. Michelet 2006, S. 237–242).

Vernes Ausführungen zu Nemos Nutzung der lebenden und nicht lebenden Ressourcen der Meere bergen eine Fülle von utopischen Ideen; viele davon sind nach heutigen Maßstäben nachhaltig. Sie sind Teil des nicht ganz korrekten Mythos um den genialen SF-Romancier Verne, der sich diese überwältigende Vielfalt selbst ausgedacht zu haben schien. Tatsächlich hatte sich der Autor für Nemos utopisch erscheinende Selbstversorgung aus dem Meer von anderen Quellen inspirieren lassen. Allerdings hatte noch niemand vor ihm solch eine Versorgung so konsequent und detailliert durchdacht und für das breite Publikum erzählt.

Schätze des Meeres: Gold, Juwelen und Meerkohle

Die Ozeane beherbergen ungeheure Schätze – sowohl Gold und Juwelen menschlichen Ursprungs von versunkenen Schiffen als auch lebende und unbelebte Rohstoffe, vom Fischschwarm bis zur angeblichen Seekohle. Vernes großes Verdienst ist, dass er seine Lesenden einlädt, mit den Protagonisten gemeinsam diese wenig bekannten Ressourcen per Schatzsuche zu entdecken.

Bei einem „Spaziergang" auf dem Meeresboden kommen die Helden in ihren Skaphandern auch an Perlmuscheln und versunkenen Schiffen mit Goldschätzen vorbei. Die Muscheln liegen gleich in ganzen Haufen auf dem Meeresboden und der materialistische Ned Land schaufelt im Vorbeigehen sein Sammelnetz damit voll. Die Klimax des Perlmuttrauschs ist eine gigantische Auster, in deren Innern eine ebenfalls gigantische Perle liegt. Diesen Riesen-Mollusken hütet Nemo und erfreut sich gelegentlich am Wachstum der Perle, ohne sie zu „ernten“ (s. Verne 2003, S. 338).

Aus den Schätzen des Meeres gewinnt der Kapitän Metalle und die Energie für die *Nautilus*: Ins Meer gespülte und versunkene Baumstämme würden nämlich auf dem Grund des Meeres allmählich zu Seekohle, daraus könne er Elektrizität produzieren, erzählt Nemo dem staunenden Aronnax (s. Verne 2003, S. 129).

Trotz der scheinbar wissenschaftlich plausiblen Erklärung ist diese Behauptung jedoch falsch. Baumstämme sinken zwar tatsächlich in die Tiefsee ab und vermodern wegen des fehlenden Sauerstoffs nicht, werden dort aber keinesfalls zu Kohle. Für den geochemischen Prozess der Inkohlung wären wesentlich höhere Drücke und Temperaturen nötig, als der Meeresboden selbst in tiefsten Tiefen bieten kann. Stattdessen sind die Hölzer in der leeren, dunklen und nahrungsarmen Tiefsee ein gefundenes Fressen für die ausgehungerte Lebensgemeinschaft aus Würmern, Krebsen, Fischen und anderen Wesen, die das Holz im Laufe von Monaten, Jahren oder Jahrzehnten meist bis zur letzten Holzfaser auffressen. Vor der Pazifikküste Kanadas und Alaskas, wo durch das Flößen von geschlagenen Bäumen viele Stämme ins Meer geraten und dort schließlich, nachdem sie vollgesogen sind, auf den Meeresgrund absinken, ist dieses Ökosystem des „wood falls“ gut erforscht (s. Bienhold et al. 2013). Ein „fall“ bezeichnet einen auf den Boden gesunkenen Kadaver und dessen spezielles Ökosystem mit seinen eigenen Vorgängen.

Im Englischen gibt es tatsächlich den Begriff „sea coal“ für Steinkohle aus den Gruben Nordenglands. Diese Bezeichnung wurde

eingeführt, um die per Schiff nach London transportierte Kohle von der gängigen Holzkohle zu unterscheiden. Ob Verne sich darauf bezieht, ist unbekannt.

Das Meer als Füllhorn

Bei einem submarinen Festmahl bewirtet Kapitän Nemo seine unfreiwilligen Gäste mit einer außergewöhnlichen Speisenfolge und bezeichnet das Meer als „wunderbare Amme, deren Milchstrom niemals versiegt". Verne hat mit dem Meeres-Menü eine echte kulinarische Utopie erschaffen mit Meeresschildkrötenfilet, Delphinleber (die Schweineragout ähnelt), konservierten Seewalzen (Seegurken), die bei Malaien sehr beliebt sind, Dessertcreme aus Walmilch, Zucker aus dem Ledertang der Nordsee und Seeanemonen-Konfitüre. Dabei legt der Autor seinem Protagonisten Michelets schwärmerisch-schwülstige Wortwahl in den Mund: Der Naturphilosoph hatte das Meer sehr emotional als Amme mit ihrem lebensspendenden Milchstrom personifiziert und damit auch die Abhängigkeit der Menschen vom Ozean unterstrichen (s. Verne 2003, S. 112).

Der Verzehr von Wal- und Robbenfleisch wirkt auf heutige Lesende möglicherweise schockierend, war aber in historischer Zeit auch an den europäischen Küsten nicht ungewöhnlich. So sind über eine lange Zeit hinweg die an den Küsten des Nordatlantiks sowie Nord- und Ostsee lebenden kleinen Schweinswale (*Phocoena phocoena*) gejagt und verspeist worden. Auch wenn diese Kleinwale nur bis zu 1,70 Meter lang werden, bieten sie reichlich Fleisch, da ein Wal aufgrund seiner Anatomie vom Nacken bis zum Schwanz nur aus Filet besteht. Auf den regionalen Fischmärkten wurden Schweinswale in Deutschland bis in die 1970er-Jahre unter dem Handelsnamen „Braunfisch" angeboten. Sicherlich landeten Schweinswale und Delphine auch in anderen europäischen Küstenregionen auf dem Teller;

auf den Färöern werden bis heute Grindwale, größere Delphinartige, gejagt und verspeist.

Eine deutsche Nährwertanalyse von Wal- und Robbenlebensmitteln nach dem Vorbild Norwegens und Japans empfahl die Meeressäuger 1917 als gesundes Nahrungsmittel: Aus Schweinswal wurden Brühwürfel extrahiert und Robbenöl (Oleum phocae) z. B. zu Lebertran verarbeitet. Rost beschreibt das Fleisch der Meeressäuger zutreffend als sehr dunkelrot-bräunlich bis fast schwarz. Gepökelt ist es lange haltbar, muss dann aber ausreichend gewässert werden, um genießbar zu sein. Wal schmeckt nicht nach Fisch, sondern eher wie Wild oder Rind. Allerdings muss man das sehnige und faserige feste Fleisch sorgfältig zubereiten, um es zarter zu machen (s. Rost 1917).

Gerade in Notzeiten war das fette Walfleisch eine willkommene Ergänzung der menschlichen Ernährung. So sind in Deutschland während des industriellen Walfangs Blau- und andere große Bartenwale vor allem zu Oleomargarine und Tierfutter verarbeitet worden, in Kriegszeiten auch für die menschliche Ernährung. Während der Diktatur der Nationalsozialisten waren Wale sogar eine Grundlage für die Versorgung der Bevölkerung mit Fetten und Proteinen. Das Deutsche Reich produzierte selbst nämlich nicht genug Fett für die Bevölkerung und musste es aus anderen Ländern einkaufen – dieser Umstand ist als „Reichsfettlücke" historisch belegt. Nach der Machtergreifung Hitlers brachen viele Länder den Handel mit Deutschland ab, außerdem hätten dafür teure Devisen ausgegeben werden müssen. Um die Reichsfettlücke zu schließen, wollte die Regierung in den antarktischen Walfang einsteigen und entsendete dafür die *Schwabenland*-Expedition in die Antarktis. So wurde 1935 die Erste Deutsche Walfang-Gesellschaft von Henkel und Cie gegründet, die viel billiges Fett für ihre Produktion von Seifen, Waschpulvern und anderen Reinigungsmitteln brauchten. Sie ließ einen Frachter zum Walfangschiff *Jan Wellem* als Mutterschiff und schwimmende

Fabrik im Südpolarmeer umbauen. Eine Flotte kleiner schneller Fangboote erlegte die antarktischen Großwale und schleppte sie zur Verarbeitung zum Mutterschiff. Bis zum Kriegsausbruch 1939 führte die *Jan Wellem* so drei Walfangsaisons durch. Bei Kriegsausbruch wurde das Schiff der Kriegsmarine überstellt und in deren Dienst 1940 in Narvik schwer beschädigt. Damit kam der deutsche Walfang zunächst zum Erliegen. Stattdessen überfielen Schiffe der deutschen Kriegsmarine die Walfangschiffe anderer Nationen und raubten deren Fang.

1949 wurde die Erste Deutsche Walfang-Gesellschaft von dem griechischen Reedereiunternehmer Aristoteles Onassis mit dem industriellen Walfang beauftragt – das Fabrikschiff war die berüchtigte *Olympic Challenger*. Onassis brachte durch rücksichtsloses Vorgehen gegen Wale und Menschen die anderen Nationen gegen sich auf und erfuhr schließlich so viel Widerstand, dass er den Walfang aufgab. Daraufhin wurde 1956 die Erste Deutsche Walfang-Gesellschaft aufgelöst.

Beim Verzehr von Walfleisch gerät Vernes Utopie von der Nachhaltigkeit an ihre Grenzen: Langlebige Tiere mit wenig Nachwuchs wie Wale können kaum nachhaltig bewirtschaftet werden, darin sind sich heutige Wal- und Walfangexperten einig. Der Naturphilosoph Michelet sagte den Zusammenbruch der Walbestände voraus, der dann leider genauso eingetreten ist, zunächst für die langsamen Glattwale der Arktis, dann auch für die schnelleren Furchenwale und schließlich für alle Bestände auch des entlegenen Südpolarmeers.

In unserer Zeit gibt es noch ein weiteres Argument gegen den Verzehr von Walfleisch: Als Endglieder der Nahrungskette sind Wale und auch Robben stark mit Schwermetallen und anderen Schadstoffen belastet. Die größte toxische Last tragen Orcas – sie ernähren sich von Fischen, Robben und Walen, sodass sie deren

Schadstofflast in ihren eigenen Körpern immer weiter anreichern. Außerdem werden diese großen Delphinartigen sehr alt, die giftige Chemikalienlast summiert sich also über viele Jahrzehnte hinweg. Manche Orca-Bestände sind so hoch mit polychlorierten Diphenylen belastet, dass sie keinen Nachwuchs mehr bekommen können. So verseucht ist das Fleisch von Meeressäugern im Nordatlantik, dass Inuit und andere indigene Völker, auf deren Speisezettel es noch steht, davon gesundheitliche Schäden davontragen. Vom Verzehr von Meeressäugern ist daher heute unbedingt abzuraten.

Vernes Meeresbuffet enthält auch Walmilch als Milchprodukt des Meeres: Beim Zusammentreffen mit einer Herde Glattwale und dem Angriff der räuberischen Zahnwale bleibt eine säugende Walkuh sterbend zurück, ihr Junges ist neben ihr. Einige Männer der *Nautilus* melken die sterbende Walmutter (s. Verne 2003, S. 487). Walmilch ist extrem fett, ihre Konsistenz soll eher an Hüttenkäse oder Frischkäse erinnern als an die dünnflüssige bei uns übliche Kuhmilch und dürfte damit eine gute Basis für cremige Desserts abgeben. Aber das Melken einer Walkuh im Ozean ist ein unmögliches Unterfangen und so bleibt diese Idee eine Fabel.

Meeresschildkröten sollen – wie andere Reptilien auch – exzellent schmecken, nicht ohne Grund trägt die Grüne Meeresschildkröte den Trivialnamen „Suppenschildkröte“. Da ihre Bestände weltweit durch die Bejagung und das Sammeln der Eier, die Zerstörung ihres Lebensraums sowie die Umweltverschmutzung gefährdet sind, ist eine solche Speise heute in Europa absolut verboten.

Die großen, langsamen Reptilien fressen gern Quallen, die sie heute zu oft mit schwimmendem Plastikmüll verwechseln. Da eine Schildkröte nicht gut zwischen einer Qualle und einer Plastiktüte unterscheiden kann, wächst der Plastikanteil im Magen an und irgendwann verhungern die altertümlich anmutenden Meeresbewohner mit dem Vierflossenantrieb mit vollem Bauch. So schwinden die Schildkrötenbestände in den Weltmeeren trotz ihres Schutzstatus dahin. Andere verheddern sich in Plastikmüll, wie etwa aufgegebenen Fischernetzen, den sogenannten Geisternetzen, und sterben dann oft langsam und qualvoll. Dass viele Strände, an denen diese Reptilien seit Jahrhunderten ihre Eier ablegen, heute bebaut werden, verschlimmert ihre Situation noch.

Mit Seewalzen sind Seegurken gemeint. Getrocknet und unter dem Handelsnamen „Trepang" werden diese walzenförmigen Seesternverwandten in Asien verspeist. Sie sind als Speise vorstellbar, wenn auch in Europa nicht verbreitet. In Vernes Meeresbuffet kommt eine Seewalzenkonserve vor, laut Nemo „für einen Malaien das vorzüglichste Gericht der Welt" (Verne 2003, S. 115).

Kapitän Nemos Seeanemonen-Konfitüre hört sich allerdings abenteuerlich an. Konfitüre ist normalerweise eine mehr oder weniger süße Zubereitung aus Früchten, Nüssen oder Gemüsen. Seeanemonen hingegen sind Polypen, also Tiere. Diese haben nur wenige essbare Teile und dürften, selbst wenn man reichlich Zucker hinzufügt, schwerlich als genießbarer Brotaufstrich durchgehen. Die Seeanemonen-Konfitüre stammt also wirklich aus dem Reich der Phantasie. Die einzigen Nesseltier-Bestandteile, die auf dem menschlichen Speisezettel stehen, sind Medusenschirme – auch dies ist bislang eine asiatische Spezialität, obwohl sie etwa im Salat gar nicht schlecht munden.

Dass Kapitän Nemo Zucker aus einem in der Nordsee wachsenden Ledertang gewinnt, ist schon eher vorstellbar. Großalgen sind auf jeden Fall sehr geeignet für die menschliche Ernährung. Dazu mehr im nächsten Kapitel.

Großalgen als Nahrungsmittel

Nemos Meeres-Menü enthält einige Makroalgen, vor allem Tange: Seine Desserts sind mit aus Zuckertang produziertem Zucker gesüßt, und zum Rauchen in der Bibliothek darf Prof. Aronnax eine von Kapitän Nemos Zigarren probieren, gefertigt aus nikotinhaltigen Meeresalgen (s. Verne 2003, S. 115).

Algen sind an den nordeuropäischen Küsten in Irland, Wales, Schottland, Norwegen und Island lange Zeit als menschliches Nahrungsmittel genutzt worden. Aufgrund der Witterung und der felsigen Böden ist an diesen Küsten die Landwirtschaft nicht überall ertragreich genug, um die Menschen oder ihr Vieh zu ernähren. Dafür wachsen an den felsigen Küsten viele große und kleine Algen, die im Gezeitenbereich bei Niedrigwasser einfach gesammelt werden können. Für die armen Küstenbewohner war das eine willkommene Zusatzportion frischer „Pflanzen". Bis heute ist eine Rotalge unter dem Namen Dulse in Irland und Schottland als Lebensmittel bekannt und wird etwa zu Fisch und Kartoffeln gegessen. Daneben setzten die Bewohner angeschwemmte Tange auch als Viehfutter und Dünger auf den Feldern ein und produzierten einst aus einer Sand- und Tangmischung selbst auf felsigem Grund eine Art Mutterboden.

Zuckertang gedeiht vor den nordeuropäischen Küsten auf felsigem Boden, u. a. auch vor der deutschen Nordseeinsel Helgoland. Theoretisch wäre ein solches Süßungsmittel aus dem Meer geeignet und vorstellbar. Da aber die Zuckerrübe dem Tang an Süße weit überlegen und einfacher anzubauen ist, hat das Meeresgewächs es bislang nicht bis in die Lebensmittelproduktion geschafft.

Verne hat sich sicherlich von Michelet inspirieren lassen, der beschreibt, dass man aus den Meeresgewächsen einen milden Zucker sowie nahrhaften Schleim gewinnen kann, und ihren hohen Jodgehalt lobt. Mit dem Schleim meint er vermutlich die Gele der Rotalgen. Die von ihm erwähnte Seegras-Konfitüre gegen Jodmangel dürfte in Wahrheit auch ein Tang sein, da Seegras für Menschen unverdaulich ist. Möglicherweise hat Michelet aber auch das richtige Gewächs beschrieben und der Fehler ist erst durch die Übersetzung entstanden.

Bei der nikotinhaltigen Meeresalge ist Verne ein wenig über das Ziel hinausgeschossen: Bis heute ist keine solche Alge bekannt, und ohne den massiven Einsatz von Gentechnologie dürfte es dazu auch nicht kommen. Insgesamt aber waren Großalgen als Nahrung und Rohstoff in Europa einst üblich und sind dann in Vergessenheit geraten. Jetzt erleben sie vor allem über asiatische Rezepte eine kleine Renaissance.

Die Zellwände von Rot- und Braunalgen bestehen aus langkettigen Zuckerverbindungen, die u. a. Zellulose bilden. In Verbindung mit Wasser entwickeln sie eine schleimige, viskose Konsistenz, wie es bereits Michelet beschrieb. Heute werden solche Alginate aus Wild- und Farmbeständen im industriellen Maßstab produziert. Als Karrageen oder Agar sind sie als Verdickungs- oder Geliermittel für Lebensmittel, Kosmetik, Pharmazie und andere Anwendungen unentbehrlich. Als veganer Ersatz für Gelatine sind sie in den letzten Jahrzehnten noch verbreiteter in Puddings, Cremes und anderen Nahrungsmitteln geworden. Im Kakao lassen sie die Schokopartikel schweben, anstatt zu Boden sinken, den Pudding machen sie cremig-viskos. Außerdem liefern sie die wabbelige Masse für den Gebissabdruck der Zahnheilkunde und den Nährboden Agar-Agar für Bakterienkulturen.

Als Meeresgemüse spielen Großalgen in der Ernährung von Europäern noch keine große Rolle, sondern eher ein Nischendasein als

Exoten. Anders ist das in Asien, dort stehen in vielen Ländern seit Langem Algen auf dem Speiseplan und werden längst in riesigen Aquakulturen angebaut und geerntet. In der japanischen Küche werden sie besonders vielfältig eingesetzt; global bekannt geworden sind sie vor allem mit Sushi: Viele Sushi-Zubereitungen werden in ein geröstetes Stückchen Purpurtang – Nori – eingewickelt, das den Reis und die Füllung zusammenhält.

Die wichtigsten Handelsnamen der Tange sind Nori (geröstete, zugeschnittene Blätter für Sushi), Wakame, Kombu oder Hijiki. Archäologische Funde haben gezeigt, dass Tange in Japan seit 10.000 Jahren zur menschlichen Ernährung gehören. Kombu-Algen waren so wertvoll, dass chinesische Bürger sie im 16. Jahrhundert als Tribut an ihren Kaiser abführen mussten. In Hungersnöten oder als Notration griffen Japaner vermehrt auf das Meeresgemüse zurück: So gehörten Hijiki und Kombu als haltbare und nahrhafte Ration zur Ausstattung der japanischen Samurai (s. Götz 1986 S. 15 ff.).

Auch wenn heute fast jeder Großalgen zumindest als Sushi-Bestandteil kennt, werden in Europa erst an wenigen Stellen und in geringem Umfang Algen geerntet. In ernährungsbewussten Kreisen oder bei Liebhabern exotischer Sushi-Genüsse gewinnen die Meeresgewächse an Bedeutung, und einigen Vorausdenkern gelten sie als Essen und Rohstoff der Zukunft. Die meisten getrockneten Algen werden zurzeit aus Asien nach Europa importiert.

In der Bretagne mit ihrer ausgeprägten Meereskultur sind sie allerdings längst ein wichtiger Wirtschaftszweig. Außerdem werden in Schottland und Irland regional geerntete Tange verzehrt: Die Rotalge Dulse wird meist getrocknet im Lebensmittelhandel angeboten und ist eine hochwertige Zutat (s. Götz 1986, S. 77), daneben sind auch die großen Kelpe meist getrocknet im Handel, seltener sind frische Algen zu finden.

Textilien, Farben und Aromen aus dem Meer

„Aber das Meer […] sorgt auch für meine Kleidung. Dieser Stoff […] ist aus den Haftfäden verschiedener Muscheln gewebt und mit antikem Purpur gefärbt; um ihm seinen violetten Stich zu geben, habe ich einen Extrakt des Mittelmeer-Seehasen verwendet. Die Parfums im Baderaum Ihrer Kabine wurden aus destillierten Seepflanzen hergestellt. Ihr Bett ist aus dem weichsten Seegras des Ozeans bereitet, seine Federn sind aus Walbarten, unsere Tinte aus dem Sekret, das der Tintenfisch oder gemeine Kalmar absondert“ (Verne 2003, S. 115), schwärmt Kapitän Nemo voller Bewunderung für die Schätze des Meeres.

Die Haftfäden von Muscheln heißen Byssus – bei frischen Miesmuscheln ist das gelbliche, haarige Gespinst gut sichtbar, es wird „Bart“ genannt. Die Muschel produziert diese Haftfäden aus Eiweißstrukturen. Die auch in Nord- und Ostsee heimischen Miesmuscheln verweben und verkleben sich mit den Fäden und ihrem Unterwasser-Superhaftkleber zu widerstandsfähigen großen Muschelbänken.

Die riesigen Steckmuscheln des Mittelmeeres hingegen leben einzeln und verankern sich mit ihrem Byssus-Büschel aufrecht stehend im Sandboden. Da Steckmuscheln bis zu einem Meter groß werden, sind ihre Haftfäden dementsprechend bis zu 30 Zentimeter lang. In der Antike wurde aus den Steckmuschel-Byssus-Fäden in einem aufwendigen Verfahren die sogenannte Muschelseide hergestellt. Das seltene Gewebe mit seinem golden irisierenden Glanz war ein rares Luxusgut und wurde als leichtes goldenes Gespinst zu Prunk-Kleidungsstücken verarbeitet.

Im 18. Jahrhundert waren kleine Manufakturen und Klöster in Sardinien und Süditalien die Zentren der Muschelseide-Herstellung. Sie produzierten Textilien wie gestrickte Handschuhe, zarte Mützen oder dünne Schals. Heute beherrschen nur noch wenige Menschen im südlichen Italien das Handwerk und die Steckmuschel steht unter strengem

Schutz (s. Scales 2015, S. 156). Aus bis zu 1.000 Steckmuscheln können nur ein Kilogramm Rohbyssus und nach langer Verarbeitung nur 200 bis 300 Gramm Muschelseide gewonnen werden (s. o. A. 2003). Solche Muschelseide ist also deutlich zu luxuriös, als dass Kapitän Nemo seine Besatzung und auch noch seine Gäste darin hätte kleiden können.

Purpurschnecken färben tatsächlich purpurrot, waren aber genau solche Luxusgüter wie Muschelseide. Der edle, tiefviolett-rote Farbstoff war im antiken Rom hochrangigen Männern vorbehalten: Senatoren durften einen Streifen des kaiserlichen Purpurs am Gewand tragen, vollständig purpurfarbene Gewänder waren dem Imperator vorbehalten. Der Farbstoff wird in einem aufwendigen Verfahren aus den Purpurdrüsen der mediterranen Purpurschnecke hergestellt. Die Phönizier der Antike sammelten die Schnecken, entnahmen die Drüsen und behandelten das milchige Sekret mit Salz und Hitze; erst unter Sonnenlicht entwickelte sich dann der rote Farbstoff. Da man für das Färben eines Kilogramms Wolle 10.000 Schnecken brauchte und der Farbton erst nach einer langwierigen Prozedur erscheint, ist auch Purpur ein Luxusgut und kaum geeignet zum Einkleiden einer ganzen Tauchboot-Besatzung.

Der zweite genannte Farbstoff stammt vom Mittelmeer-„Seehasen“, der bis zu 40 Zentimeter großen Schnecke *Aplysia*. Diese große Schnecke schwimmt frei im Wasser und hat keine sichtbare Schale. Zum Schwimmen setzt sie lappenartige Fortsätze ein, die wie große Ohren flappen – daher der Name „Seehase“. Zur Verteidigung kann diese Meeresschnecke weiße oder violette Tinte ausstoßen, was für diese Tiergruppe ungewöhnlich ist. Der Farbstoff entsteht durch die Nahrungsaufnahme, da Seehasen Vegetarier sind und vor allem Rotalgen fressen. Aus deren rotem Pigment Phycoerythrin spaltet der Schnecken-Metabolismus Phycoerythrobilin ab – den klebrigen und giftigen Tintenfarbstoff zum Vergrämen von Fressfeinden. Die Tinte kann tatsächlich zum Schreiben und Färben von Textilien benutzt werden (s. Bennington-Castro 2013).

Matratzen aus Seegras und Seemoos waren früher absolut gebräuchlich, sind aber nicht sehr weich. Seegras ist ein echtes Gras, also eine der wenigen Blütenpflanzen des Meeres und keine Alge. An der Ostseeküste von Mecklenburg-Vorpommern und weiter östlich wurde es bis in die Zeit der DDR hinein geerntet. Dort liegen im flachen Wasser große Seegraswiesen, die wertvolle Lebensräume für eine Vielzahl kleiner Meeresbewohner und Kinderstuben auch kommerziell wichtiger Fische wie der Heringe sind. Vor allem nach Stürmen spülen die Wellen viel ausgerissenes Gras an die Sandküsten, zu kompakten Bällchen gerollt oder Matten verfilzt. Die Fischer der Gegend hatten den Strand unter sich aufgeteilt; das zusammengeharkte, getrocknete und vom Sand gereinigte Seegras war für sie ein wichtiger Nebenverdienst. Ab 1947 war es sogar ein extrem wichtiger Rohstoff, denn in der „Polstermöbel- und Matratzenindustrie der Sowjetischen Besatzungszone, später in der DDR, herrschte großer Mangel an Füllmaterial, weil afrikanische Palmfaser, württembergisches und bayrisches Alpengras sowie tropische Kokos- und Sisalfasern nicht mehr zur Verfügung standen“ (Jahncke 2018).

Heute ist Seegras an der Ostseeküste ein moderner nachwachsender Rohstoff, der immer noch für Matratzenfüllungen eingesetzt wird – empfehlenswert ist es aber nur für Personen, die gern hart schlafen. Außerdem ist es ein natürlicher, nachwachsender Dämmstoff in der Bauindustrie und hat durch seine naturgegebene Imprägnierung mit Salz sogar eine Flammschutzklasse.

Ein anderes Material für Matratzenfüllungen war See- oder Korallenmoos. Trotz des bäumchenartigen Aussehens handelt es sich dabei um zierliche Polypenkolonien, also Tiere: *Hydrallmannia falcata*. Diese Tierkolonien werden heute immer noch geerntet, etwa an der deutschen Nordseeküste, allerdings nicht mehr als Polster, sondern als Dekomaterial für Floristik oder Modelleisenbahnen.

Walbarten sind in den Zeiten des historischen Walfangs tatsächlich als Sprungfedern in Matratzen und Sofas eingesetzt worden. Die gereinigten Hornplatten aus dem Waloberkiefer sind elastisch und leicht, die längeren wurden zu Sprungfedern, kürzere unter dem Namen „Fischbein“ zu elastischen Stäben in Miedern, Krinolinen, Schirmen und einer Vielzahl anderer Produkte verarbeitet.

Wohlduftende Essenzen aus Meerespflanzen sind kaum bekannt. Ein tierischer Meeresduftstoff hingegen wird bis heute verwendet: Das aus dem Pottwaldarm stammende Ambra. Das Gemisch aus halb verdauten Tintenfischen und anderen geheimnisvollen Zutaten aus dem Darm des größten Zahnwals ist bis heute eine elementar wichtige Substanz in der Parfumindustrie und bislang nicht durch eine im Chemielabor gebraute Nachbildung ersetzbar. Darum ist die Substanz äußerst wertvoll. Da die kommerzielle Pottwaljagd verboten ist, muss sich die Parfumindustrie mit den seltenen kostbaren Brocken begnügen, die von Strandspaziergängern im Spülsaum gefunden werden (s. Wurche 2016a).

Die Tinte der Gemeinen Sepia (*Sepia officinalis*), die im Mittelmeer und Atlantik lebt, ist früher eine gängige Schreibtinte gewesen – ihr schwärzlich-brauner Farbton hat sich als Farbbezeichnung „Sepia“ auch für synthetisch produzierte Farben erhalten.

Nachhaltigkeit – Michelets Plädoyer für den Meeresschutz

Der Historiker und Philosoph Jules Michelet war ein bekennender Demokrat und Patriot, vertrat republikanische Werte und war zeitweise Mitglied in der Académie des sciences morales et politiques. Seine Texte sind wortgewaltig, auch wenn die starken Emotionen und moralisierenden Bewertungen aus heutiger Perspektive schwülstig wirken. Seine Bücher über so verschiedene Sujets wie Frauen, Liebe, Gebirge und das Meer, wie *La Mer* aus dem Jahr 1861, wurden in Frankreich viel gelesen; Michelet war eine moralische und intellektuelle Instanz.

In *La Mer* beschrieb Michelet die bereits damals absehbaren Auswirkungen der Industrialisierung auf die Ozeane und warnte vor den verheerenden Folgen einer zu starken Ausbeutung (s. Michelet 2006, S. 235). Damit war er einer der Ersten, der die Folgen der industriellen Ausbeutung auch der Meere voraussah und anprangerte. In Vernes Zeit waren die meisten Fischereiarbeiter und ihre Familien einfach nur dankbar, dass die Industrialisierung ihre harte, gefährliche und schmutzige Arbeit ein wenig erleichterte und sicherer machte. Der Gedanke, diese Ressourcen zu schützen, anstatt sie möglichst umfassend auszubeuten, lag den meisten Menschen fern.

Hölzerne Fischerboote unter Segeln wurden innerhalb weniger Jahrzehnte umgetauscht in stählerne Schiffe, immer größer und mit Dampfmaschinen ausgerüstet für einen immer weiteren Aktionsradius. So konnten Fischer stetig neue Fanggebiete erschließen und bis dahin unerreichbare Beute fangen. Die Industrialisierung erfasste auch die anderen technischen Abläufe von größerem und stabilerem Fischereigerät bis zu dampfbetriebenen Eismaschinen zur Kühlung des Fangs auf wochenlangen Reisen. Die Fischerei und der Walfang wurden zu Industriebetrieben und beuteten die natürlichen Ressourcen des Meeres schnell wesentlich stärker aus als je zuvor. Michelet beschrieb wie kaum ein anderer Zeitgenosse diese Übernutzung des Meeres am Beispiel der einstmals endlos erscheinenden Kabeljaubestände und vieler Walarten des Nordatlantiks.

Dass es um den atlantischen Kabeljau später im 20. Jahrhundert sogar drei Kriege geben würde, hatte allerdings nicht einmal Michelet vorhergesehen: 1958 dehnte Island seine beanspruchten Hoheitsgewässer aus. Daraufhin fuhren englische Fischer unter dem Schutz der Royal Navy in die Kabeljaugründe aus und fischten zwischen Gewohnheitsrecht und Fischpiraterie im eisigen Nordatlantik. Das Auslaufen der Royal Navy bedeutete nicht etwa den Beginn eines Seekriegs gegen Island. Vielmehr war und ist in England die Fischereiaufsicht eine Aufgabe für kleine Kriegsschiffe, die auch für den Küstenschutz und Grenzkontrollen zuständig waren und sind. In anderen Ländern erfolgt die Fischereipatrouille meist durch die Küstenwacht – wie in Island – oder spezielle Fischereiaufsichtsschiffe – wie in Deutschland –, die keine Geschütze tragen.

Anfang der 1970er-Jahre setzte die isländische Küstenwache gegen englische und westdeutsche Trawler sogar eine Geheimwaffe ein, mit der sie auf See die Leinen der Schleppnetze kappte. Diese Auseinandersetzungen waren keine echten Gefechte, sondern eher Katz-und-Maus-Spiele mit Drohgebärden, aber sie beschäftigten Fischer, britische Marine und isländische Küstenwacht. An einen geregelten Fischereibetrieb war nicht zu denken. Die Meereshatz verursachte hohe Ausfälle in der Fischerei und eskalierte, sodass die NATO schließlich England drängte, gegenüber dem sturen Island nachzugeben: England erhielt für die Anerkennung der isländischen 50-Meilen-Zone dann zumindest eingeschränkte Fischereirechte (s. Kurlansky 1999, S. 180). Andere Fischdiebe vor Island hatten weniger Glück: In den 1970er-Jahren warf die US-Luftwaffe auf Bitte der isländischen Regierung Wasserbomben auf Orcas ab – die hungrigen Zahnwale fraßen nach Ansicht der Fischer zu viele Fische.

Jules Verne hatte mit der Attacke Kapitän Nemos gegen die räuberischen Pottwale bereits ein solches Kampfszenario vorweggenommen. 1868 mochte die Attacke der *Nautilus* den meisten Lesenden übertrieben vorgekommen sein – die lebenden marinen Ressourcen sind aber von solch hohem monetären und ideellen Wert, dass es ähnliche Auseinandersetzungen tatsächlich gab und gibt. Die Verhandlung um Fischereiquoten ist bis heute ein knallhartes Geschäft, in dem modernste Technik wie die Satellitenüberwachung zum Aufspüren von Fischen und Schiffen und auch von Fischpiraten eingesetzt wird. Fischpiraterie im großen Maßstab, die oft in der Hand der organisierten Kriminalität und Lebensmittelmafia liegt, ist mittlerweile für extreme Überfischung und ökologische Verwüstung ganzer Meeresregionen verantwortlich, die die regionalen Küstenanwohner in Armut treibt und zur Abwanderung vieler Menschen aus Küstengebieten führt.

Verne hat Michelets mahnende Stimme in seinen großen Roman des Meeres mit aufgenommen und sie seinem grüblerischen Kapitän Nemo in den Mund gelegt: Beim Zusammentreffen mit der Herde Glattwale bittet Ned Land als leidenschaftlicher Walfänger Kapitän Nemo um die Möglichkeit, ein paar Wale zu erlegen. Nemo schlägt ihm die Bitte ab und hält dem Frankokanadier stattdessen eine Moralpredigt: „[...] ich verwahre mich gegen solch mörderischen Zeitvertreib. Indem Sie, Meister Land, und Ihresgleichen den Südkaper und auch den Nordwal ausrotten, beides harmlose und gutmütige Geschöpfe, begehen Sie eine verwerfliche Tat. Auf diese Weise haben Sie schon die gesamte Baffinbai entvölkert und werden noch eine ganze Klasse von Nutztieren vernichten." Nemo sieht Wale also auch als Nutztiere, er tötet aber nur für den eigenen Bedarf und nur so viele, wie er zum Leben braucht (s. Verne 2003, S. 481).

Ned Land sieht als „König der Harpuniere" die Meerestiere nur als Mittel zu seiner persönlichen Bereicherung. Nemo hingegen hat die menschliche Raffgier satt, distanziert sich immer wieder von dieser auf totaler Ausbeutung basierenden Zivilisation und vertritt Positionen des modernen Meeresschutzes. Verne und Michelet hatten dabei sicherlich auch die Ausrottung der in der Bucht von Biskaya lebenden Glattwale um 1850 vor Augen. Diese gemächlichen Meeresriesen waren die erste erloschene Großwalpopulation der Welt; ihre nächsten Verwandten im Nordatlantik, die Nordkaper, haben sich bis heute nicht vom Walfang erholt und stehen jetzt durch Kollisionen mit der Fischerei und der Schifffahrt vor der vollständigen Ausrottung.

Mit solchen Situationen stellt Verne verschiedene Perspektiven auf das Meer in ambivalenten Diskussionen nebeneinander.

Dystopie: Paris im 20. Jahrhundert

In den *Phantastischen Reisen* geht es um einen positiven Blick in die Zukunft, das hatte Hetzel als Verleger klar vorgegeben. Einige düstere Klänge schimmern in der ambivalenten Bewertung etwa der Elektrizität durch; auch die hemmungslose Ausbeutung der lebenden Ressourcen wird angeprangert. Aber das rundet nur die Diskussionen zwischen einzelnen Protagonisten ab und gibt der Leserschaft Stoff zum Nachdenken, dürfte jedoch niemanden in Schwermut verfallen lassen. Wegen dieser positiven Grundstimmung im größten Teil seines Werkes wurde und wird Verne oft als harmloser Jugendschriftsteller eingeordnet. Das stimmt allerdings nicht ganz.

Über ein Jahrhundert später tauchte ein verschollenes Werk auf, das zu Vernes düstersten Schriften gehört: *Paris im 20. Jahrhundert* ist eine verstörende Dystopie. Verne hatte diesen Roman schon 1863 geschrieben und Hetzel zur Veröffentlichung angeboten. Hetzel aber lehnte das Manuskript rigoros ab: Das sei ein unmögliches Ansinnen. So leid es ihm tue, dies so zu schreiben, halte er Verne für nicht reif genug für ein solches Thema, und er würde damit seinen Namen als Autor schwer beschädigen. Er solle es lieber in zwanzig Jahren noch einmal schreiben. Solchen Prophezeiungen würde niemand Glauben schenken, sein Verlag sei an einem solchen Buch nicht interessiert. Diese Antwort des Verlegers macht klar, dass die positive Grundstimmung der *Phantastischen Reisen* ganz maßgeblich auf Hetzels Vorgaben zurückgeht.

Jules Verne kam nie wieder auf dieses Manuskript zurück. Es wurde erst 1989 in einem leer geglaubten Safe des Sohnes von Verne, Michel, gefunden und dann 1994 veröffentlicht. Illustriert von François Schuiten, einem belgischen Meister der *bandes dessinées* (s. Patel 1994). Das Manuskript *Paris im 20. Jahrhundert* entwirft ein sehr düsteres Bild der Zukunft: Der Protagonist Michel lebt in einem aus gläsernen Wolkenkratzern bestehenden Paris. Es gibt Hochgeschwindigkeitszüge, gasbetriebene Personenkraftwagen namens Gas-Cabs, Taschenrechner und ein weltweites Kommunikationsnetz. Im Fleisch sind Konservierungsstoffe und Frauen benehmen sich zu männlich. Diese Zukunft ist durchdrungen von Naturwissenschaft und Technik; dafür gibt es keine Wertschätzung mehr für Literatur, Musik und Bildende Kunst. Michel liebt die Musik und spielt selbst Klavier, aber seine klassische Musik gilt in einer Welt der elektronisch erzeugten Töne nichts mehr. Gleichzeitig leidet er, wie alle Menschen, unter der starken Luftverschmutzung. In dieser künstlichen modernen Welt ohne echte Musik und Literatur verzweifelt Michel und endet tragisch (s. Fehrmann 2000).

Angesichts Vernes Musikliebe, seiner Ablehnung gegen elektronisch erzeugte Musik und seinen vielen sensiblen Befindlichkeiten wird sein Protagonist Michel als autobiographisch gedeutet. In diesem Roman hat Verne tatsächlich viele Entwicklungen der näheren Zukunft vorausgesagt. Den Beginn dieser Entwicklungen dürfte er bereits selbst beobachtet haben und er ordnete sie richtig als irreversibel ein.

SCIENCE FICTION
ODER
WISSENSCHAFTLICHER
ROMAN?

Die Frage, ob Verne Science Fiction geschrieben hat und ob er gar der „Vater der Science Fiction" war, wird bis heute heftig diskutiert. Mindestens genauso umstritten ist die Frage nach der Definition für Science Fiction.

Den Begriff Science Fiction hatte der Großmeister der Science Fiction Hugo Gernsback für dieses Genre der utopischen Wissenschaftserzählungen in den 1920er-Jahren eingeführt – als Verbindung von Wissenschaftsfakten und Fiktion – Science und Fiction. Davor wurden solche Erzählungen im Genre der Phantastik einsortiert.

Grundsätzlich ist die Science Fiction ein Genre, in dem wissenschaftlich-technische Spekulationen in einen narrativen Bogen eingefügt sind. Die wissenschaftlichen und technischen Sachverhalte müssen plausibel sein. Bernhard Kempen, der als Journalist, Science-Fiction-Autor und -Übersetzer ein Experte für diese Literatursparte und ihre Entwicklung ist, präzisiert: „Die Science Fiction erzählt Geschichten, in denen Situationen beschrieben werden, die in der Realität noch nie vorgekommen sind, die aber auf der Basis des aktuellen technisch-wissenschaftlichen Kenntnisstandes möglich sein könnten, wobei auch weit hergeholten Spekulationen keine Grenzen gesetzt sind" (Kempen 2020).

Das Genre geht zurück auf gesellschaftspolitische Kritik etwa in osteuropäischen Ländern im Zuge der russischen Revolution; oft kommen darin zukünftige technische Entwicklungen wie Maschinenwesen oder Roboter vor. Der legendäre deutsche Film *Metropolis* von Fritz Lang und das Drama *R.U.R. – Rossum's Universal Robots* des tschechischen Schriftstellers Karel Capek sind prägnante Beispiele dafür.

Entgegen der landläufigen Vorstellung über Science Fiction sind Raumschiffe und Raumfahrtthemen also keinesfalls obligatorisch für dieses Genre, sondern optionale Requisiten, wie der Science-Fiction-Experte und Journalist Dietmar Dath in *Niegeschichte* auch nachdrücklich erklärt (s. Dath 2019, S. 34–36). Solche Requisiten könnten vorkommen, sind aber nur Beiwerk. Den „Lebensnerv der Gattung" sieht Dath in Gene Roddenberrys *Star-Trek*-Motto „Where no man has gone before" (später: „Where no one has gone before"). Die Essenz der SF seien Entdeckungsgeschichten mit dem imaginären Vordringen ins noch Unbekannte (s. Dath 2019, S. 33). Nach dieser Annäherung würden manche von Vernes *Außergewöhnlichen Reisen* imaginativ genug sein, um doch als SF eingeordnet zu werden.

Junkerjürgen (2018, S. 8) ordnet Verne nicht in der Science Fiction ein, die damals noch ein Untergenre der Phantastik war, sondern als etwas Neues. Als in der zweiten Hälfte des 19. Jahrhunderts ein selbstbewusstes Bürgertum auf Gedanken der Aufklärung, ein Aufblühen und Diversifizieren der Wissenschaft und Forschung sowie eine immer schnellere technische Entwicklung traf, wollte der französische Verleger Pierre-Jules Hetzel mit seinem jungen Autor Jules Verne moderne Romane bieten. Beide erschufen gemeinsam ein neues Roman-Genre. „War das 19. Jahrhundert die Wiege der heutigen Wissensgesellschaft, so ist es Verne wie kaum einem anderen gelungen, die technischen und damit verbundenen kulturellen Weichenstellungen erzählend zu begleiten. Dafür hat er eine Gattung kreiert, die als seine wichtigste innovative Leistung gilt: den wissenschaftlichen Roman", schreibt der Verne-Biograph Junkerjürgen (2018, S. 8). Eine Fülle thematisch sortierter Details aus Geographie, Zoologie, Botanik, Geologie, Paläontologie und Technik diente jeweils als Hintergrund für seine modern agierenden Helden mit ihrem von Wissenschaft gelenkten Denken und Handeln. Junkerjürgen (2003, S. 8) nennt Verne den „Schlüsselautor" des 19. Jahrhunderts, hält die Geschichten selbst allerdings nicht für futuristisch

(s. Junkerjürgen 2018, S. 54). „[...] statt weit ausholender Science Fiction“ inszeniere Verne vielmehr „zeitgenössische wissenschaftliche Herausforderungen“ (Junkerjürgen 2018, S. 61), konkret in der Geographie und Technik.

Die Mythenbildung um Verne als „Seher der Zukunft“ begann schon zu seinen Lebzeiten. Er selbst hatte darauf schnell ungehalten reagiert: „Wie alle Welt weiß, ist es für den Schriftsteller ein leichtes, Menschen von ungeheurem Reichtum zu kreieren, und nicht viel schwieriger ist es, durch entsprechende Mittel Probleme der Fortbewegung, der Chemie und Physik zu lösen. Bei der Lösung geistiger Aufgaben durch die Einbildungskraft sollte der gewissenhafte Schriftsteller eines respektieren, und das ist Plausibilität. [...] Ich erkenne die Fantasie im Wissenschaftlichen an, doch darf ich dem letzteren nicht widersprechen“ (Dehs 2005, S. 248). Mit diesen Statements hat sich Verne selbst von der Phantastik bzw. Science Fiction abgegrenzt.

Auch der Verne-Biograph Dehs kommt nach sorgfältiger Analyse zu dem Ergebnis, dass Verne eine radikale Mischung aus Wissenschaftsreportage und Unterhaltungsroman schrieb (s. Dehs 2005, S. 250), keinesfalls aber Phantastik bzw. Science Fiction.

Wo H. G. Wells eine Zeitmaschine als Vehikel erfindet (*The Time Machine*) oder gleich eine Invasion der Erde durch Außerirdische beschreibt (*War of the Worlds*), entwirft Verne seine *Nautilus* nach den Tauchbooten von Fulton (1802) und Conseil (1857) oder seine Multipropeller-Flugmaschine für Robur nach Ponton d'Amécourts Helikopter (1886).

Verne distanzierte sich selbst mit klaren Worten von Wells: „In meinen Romanen stütze ich mich bei den so genannten Erfindungen immer auf eine Grundlage realer Fakten und benutze bei ihrer

Anwendung Methoden und Materialien, die nicht die Grenzen der zeitgenössischen Möglichkeiten und technischen Kenntnisse überschreiten. [...] Die Schöpfungen von Herrn Wells gehören dagegen ganz entschieden einer Zeit und einem wissenschaftlichen Kenntnisstand an, die weit von der Gegenwart entfernt sind [...]" (Dehs 2005, S. 320).

Fest steht, dass der französische Erfolgsautor aktuelle wissenschaftliche und technische Entwicklungen sowie Themen aufgegriffen und virtuos zu großen Geschichten verknüpft hat. Ohne Zweifel war Verne bei der Vorstellung und Inszenierung von Wissenschaft höchst einfallsreich und innovativ. Sein Themenkanon beschäftigte sich mit den wissenschaftlichen Herausforderungen seiner Zeit, die von handfestem Abenteuer und intellektuellen Herausforderungen gleichermaßen geprägt war. Die Erforschung des afrikanischen Kontinents, des Innern der Erde, der Meere oder des Weltraums waren zu dieser Zeit Schritte dorthin, „where no man has gone before" – im Sinne der berühmten *Star-Trek*-Maxime aus der Feder Gene Roddenberrys. So kommt es auch zum Science-Fiction-Ruch des Verne'schen Werks. Allerdings war Verne dabei ungleich bodenständiger als Gene Roddenberrys Abenteuer des Raumschiffs *Enterprise*.

In einigen Fällen hat Verne die Wissenschaft für eine gute Story zwar ein wenig zurechtgebogen, ergänzt oder extrapoliert, entfernt sich dabei aber meist nicht allzu weit von den vorhandenen Fakten. So spielt die Reise zum Mond zwar wirklich im Weltraum, allerdings reisen die Mondfahrer praktisch im Wohnzimmer. Weder Kleidung noch Mobiliar und Benehmen sind der Schwerelosigkeit der Raumfahrt angepasst.

Die Grenzen des Science-Fiction-Genres sind sicherlich dehnbar und es gibt einen größeren Überschneidungsbereich zwischen wissenschaftlichem und SF-Roman – prominente Beispiele dafür sind

Michael Crichtons oder Bernd Kegels Romane. Diese Autoren haben Romane geschrieben, in denen die phantastischen Elemente mal mehr oder weniger stark ausgeprägt sind.

Wie im Kapitel „Reisen und Reisegeschichten als Eskapismus aus bürgerlicher Enge" ausgeführt, polierte Verne die geographischen und wissenschaftlichen Reisen seiner Protagonisten gern mit Mythen und Mystery-Effekten auf. Auch wenn das Übernatürliche und Rätselhafte am Ende stets naturwissenschaftlich plausibel erklärt wird, bleibt ein glitzernder Funken des Verzauberten an den Geschichten und Protagonisten hängen. Dieser literarische Elfenstaub macht bis heute den Zauber dieser Romane aus; man könnte diese Elemente teilweise als phantastische bewerten.

Damit hebt sich Verne von vielen anderen Autoren spannender Wissenschaftsromane ab und berührt bei vielen Lesenden auch noch eine emotionale Ebene sowie kindliche Sehnsüchte mit einem „Alles ist möglich"-Feeling.

Diese phantastischen Elemente sind in verschiedenen Romanen von Vernes umfangreichem Werk unterschiedlich stark ausgeprägt. Vielleicht ist es zielführend, statt sein Werk pauschal der Science Fiction zuzuordnen oder dies zu verneinen, eher die einzelnen Werke zu betrachten: Manche von ihnen, wie die Weltraumgeschichten oder *Paris im 20. Jahrhundert*, sind echte Utopien bzw. Dystopien. Die meisten stammen aber aus der realen Welt – wie *In 80 Tagen um die Welt*, *Fünf Wochen im Ballon*, *Der Kurier des Zaren* und viele andere. *20.000 Meilen unter den Meeren* mit Kapitän Nemos privatem Tauchboot nimmt eine Hybridform ein: Die Queste der Protagonisten auf der Jagd nach dem Meeresungeheuer enthält einige Mystery-Elemente und imaginäre Passagen.

Da es zu Vernes Zeiten bereits echte Science Fiction gab, wie etwa H. G. Wells' *Time Machine* und *War of the Worlds* oder Mary Shelleys *Frankenstein*, die damals aber noch als phantastische Literatur bezeichnet wurde, und sich Verne selbst dazu äußerte, warum er keine Phantastik geschrieben habe, war er sicherlich nicht der Vater der Science Fiction. Verne hingegen hat den Wissenschaftlichen Roman mit einem neuartigen, wissenschaftlich agierenden Heldentypus als Genre eingeführt.

Jules Verne und der Steampunk

Weiterhin wird Verne auch gern noch als „Vater des Steampunk" bezeichnet. Steampunk ist eine retrofuturistische Unterform der Science Fiction, die das Abzweigen einer alternativen Zeitlinie im Zeitalter der Dampfmaschine postuliert. In dieser Alternativwelt geschieht die weitere technologische Entwicklung auf Dampf-Basis. Wie die Science Fiction basiert auch der Steampunk meist auf wissenschaftlich plausiblen Inhalten und Aspekten, enthält aber oft zusätzlich Elemente der Phantastik und manch irrationale und widersprüchliche Aspekte. Zeitlich angesiedelt ist er in einem Äquivalent der viktorianischen Zeit.

Die Namensgeberin des viktorianischen Zeitalters ist die englische Königin Viktoria, die von 1837 bis 1901 regierte. Ihre Regentschaft war ein langer, politisch stabiler Zeitraum mit einer florierenden englischen Wirtschaft. Der Grund dafür war die industrielle Revolution, die weitreichende Auswirkungen auf den Maschinenbau, Bergbau und andere Bereiche hatte und für das ausgedehnte Eisenbahnnetz verantwortlich war. Auch wenn diese Ära sich vor allem auf England bezieht, wird der Begriff „viktorianisch" oft auf andere europäische Industrieländer und Nordamerika ausgedehnt.

Typische Elemente des Steampunk sind Dampfmaschinen, ausgeklügelte Mechanik, Messinstrumente und die Mobilität per Dampf zu Wasser, zu Lande und in der Luft, Messing, mechanische Uhren sowie andere Messgeräte, Zahnräder und mehr. Die Kleidung dieser Zeit in gedeckten Farben sowie die passenden Frisuren, Haar- und Barttrachten sind genauso typisch wie der Verzicht auf neuartige Materialien. Steampunk liebäugelt mit den verrückten oder entrückten Erfindern dieser Zeit, genialen Ingenieuren, wagemutigen Abenteurern und versponnenen Wissenschaftlern.

Ein Steampunk ist ein Gentleman, der statt T-Shirt und Pullover Hemd und Weste trägt, dazu oft ein Jackett. Bart und Kopfbedeckung sowie heute eher vergessene Accessoires der Männlichkeit, von öligem Werkzeug bis zum eleganten Spazierstock, werden gern zur Schau gestellt.

Auch wenn mit Königin Viktoria und anderen Monarchinnen dieser Zeit Frauen große Macht hatten, überzeugte das keinesfalls Männer davon, Frauen als ebenbürtig zu behandeln. Stattdessen blieb die weibliche Hälfte der Bevölkerung politisch, rechtlich und sozial benachteiligt.

Das ist bei den Steampunkerinnen ganz anders, sie sind selbstbewusste Frauen des 21. Jahrhunderts, die äußerlich mit der viktorianischen Ära spielen. Auch wenn sie oft sehr weibliche Kleidungsstücke wie Korsett, Korsage oder Schnürmieder, üppige Röcke und Hut-Kreationen tragen, stehen sie in ihren Schnürstiefelchen fest auf dem Boden der Tatsachen. Manche tragen Hosen, andere Fliegerkappen, oft ist die Garderobe nach viktorianischen Maßstäben skandalös unvollständig oder leger, vom zur Schau gestellten Korsett bis zum offen präsentierten elegant bestrumpften Bein. Auch die Frisuren sind teilweise an die viktorianische Zeit angelehnt, wie aufwendig gelockte und Hochsteckfrisuren. Andere Steampunkerinnen tragen kurze oder glatte Haare, manche stülpen sich eine Perücke über. Auf jeden Fall wichtig sind Mützen, Hüte und Haarschmuck – wenige Steampunkerinnen präsentieren sich „oben ohne".

Auch ihr Auftreten entspricht in Bezug auf Selbstständigkeit und Gleichberechtigung dem 21. Jahrhundert. Hinter manchem femininen Äußeren versteckt sich eine richtige Draufgängerin, die ihrem Begleiter eine echte Gefährtin ist – zu Fuß, im Luftschiff oder auf dem Dampfross. Oft sind sie bewaffnet, nicht nur mit damenhaften Hieb- oder Schusswaffen, sondern meist auch verbal.

Ein essentiell wichtiges Accessoire bei männlichen wie weiblichen Steampunks sind die sogenannten Goggles, Schweißerbrillen.

Da Verne in der viktorianischen Ära über die damaligen Erfindungen und Forschungen geschrieben hat, hat er den Zeitgeist dieser Ära eingefangen, gerade mit seinen englischen Protagonisten. Dementsprechend gibt es eine ganze Reihe von Übereinstimmungen mit dem Steampunk, der sich auf die gleiche Ära bezieht. Ein mit Dampf betriebener Stahlelefant, die fetischartige Bedeutung der Zeitmessung, Ballons und ein gewisses Selbstverständnis sowie die Ausstaffierung der damals lebenden gut situierten Gentlemen sowie ihre Attitüden sind dafür einige Beispiele. Verne hat seine Geschichten aber als Extrapolation seines Erlebens und der Weiterentwicklung der nahen Zukunft geschrieben und nicht als phantastische retrofuturistische Zeitlinie. Darum ist Verne genauso wenig der Vater des Steampunk wie der Science Fiction.

Die Quelle dieses Missverständnisses sind weniger Vernes Romane, sondern vielmehr ihre späteren Interpretationen vor allem in den Verfilmungen. Als die Bilder laufen lernten, wurde die *Nautilus* nämlich zunehmend verschnörkelter. So bildet die Evolution der *Nautilus* die Diskrepanz zwischen dem Original von 1869 und der vermeintlichen Steampunk-Ikone besonders deutlich ab: Vernes Bilderwelt der Meerestechnologie und Tauchbootarchitektur erschuf Alphonse-Marie-Adolphe de Neuville. Der Marine-Ingenieur und Maler hatte für den Meeresroman innovative technische Ambientes erdacht, manchmal funktionell, manchmal opulent. Das Äußere der *Nautilus* ist eine metallen glänzende schlanke Spindel ohne Schnörkel, nur das schlichte Ruderhaus auf dem Oberdeck ragt heraus. Auf mehreren Abbildungen ist das Tauchboot als Außenaufnahme teilweise sichtbar; verglichen mit seinem teils luxuriösen Innern wirkt es wie ein schwimmendes Understatement.

Die Walt-Disney-Darstellung im Film *20.000 Leagues under the Sea* von 1954 wird heute häufiger zitiert als die Original-Bildvorlage: Die von Harper Goff geschaffene Film-*Nautilus* war deutlich kantiger, kurviger und hatte einen charakteristischen Zackenkamm sowie andere nicht-funktionale Attribute. Offenbar war diese Form einprägsamer als das Original, darum haben die meisten Menschen sie als DIE *Nautilus* automatisch vor Augen.

Unbenommen sind viele von Vernes Ideen und Szenarien ausgezeichnete Inspirationsquellen für heutige Steampunks. Da das Werk des französischen Kultautors heute zur Populärkultur gehört und gerade in gebildeten Kreisen auch gelesen worden ist, sind Anspielungen und Zitate verbreitet.

Auch der außerordentliche Themenpark *Les Machines de l'île* in Vernes Heimatstadt Nantes kokettiert stark mit dem Steampunk: Die glänzenden Maschinenskulpturen wirken wie der begehbare und erlebbare Traum eines Steampunks.

François Delarozière und Pierre Orefice haben mit diesem einzigartigen Kunstprojekt auf dem ehemaligen Werftgelände eine Phantasiewelt aus den imaginären Welten von Jules Verne, dem mechanischen Universum von Leonardo da Vinci und der industriellen Vergangenheit der Stadt Nantes geschaffen: vom dampfbetriebenen Riesen-Elefanten bis zum Meerestier-Karussell und außergewöhnlichen Flugmaschinen vor der Kulisse eines Kleinods der Industriekultur.

Der ebenfalls oft dazu zelebrierte kolonialistische Touch sowohl bei Verne als auch im heutigen Steampunk verharmlost die Ausbeutung der kolonialisierten Völker und Länder. Darum sollten verantwortungsbewusste Steampunks auf solche Attitüden verzichten – gerade in der Science-Fiction-Welt ist das Miteinander aller Menschen auf Augenhöhe und ohne Vorurteile oft ein wichtiger Aspekt. Darum basiert in diesem retro-futuristischen Paralleluniversum Wertschätzung nicht auf Herkunft, sondern vielmehr auf dem Erfindungsreichtum eines Menschen. Steampunks sind stolz darauf, viel selbst zu machen und anderen zu helfen; die Übergänge zur Maker-Szene sind fließend.

Ausgerechnet Tintenfische

Eine weitere Gemeinsamkeit von Jules Verne und dem Steampunk sind Tintenfische. Die intelligenten Weichtiere flößen uns Respekt ein, sie sind wehrhafte Wesen mit acht oder zehn Armen aus einem fremdartigen Lebensraum. Jules Verne hatte aus den bis dahin nahezu unbekannten Wirbellosen mit den ausdrucksstarken Augen erstmals literarische Stars gemacht. Mit ihrem Gewirr an Tentakeln, der übermenschlichen Reaktionsschnelligkeit und ihrer Intelligenz sind sie optimale Gegenspieler für wackere menschliche Helden.

Kopffüßer leben im Meer, das damals noch viel furchteinflößender war als heute, schließlich hatte dessen Erforschung gerade erst begonnen. Der Ozean war den Menschen des 19. Jahrhunderts fremder, als es für uns heute das Weltall ist. Die Kopffüßer sind die damalige Version der heutigen Außerirdischen. Zu Beginn des 20. Jahrhunderts haben andere Autoren wie Sir A. C. Doyle mit den Airkraken in *The Horror in the Heights* (1913) und H. P. Lovecraft in seinen Geschichten mit Cthulhu (*The Call of Cthulhu*, 1928) und den Flying Polyps (*The Shadow out of Time*, 1936) die Kopffüßer erfolgreich wieder aufgegriffen.

Die großen Augen der Tentakeltiere und ihr Verhalten zwischen Abwarten und gezielter Interaktion erweckten früh den Anschein von Intelligenz, die erst viele Jahrzehnte später experimentell und anatomisch nachgewiesen werden konnte. So anders ist ihr Körperbau, dass die vielarmigen Kopffüßer mit den großen Augen bis heute Vorbilder für außerirdische Aliens abgeben, etwa für die Heptopoden im Film *Arrival* (s. Wurche 2017a), und manchmal sogar – fälschlich – selbst als Aliens bezeichnet werden (s. Wurche 2016b).

Das Image der Tintenfische hat sich seit Vernes Zeit grundlegend geändert, vom Monster zum Kulttier. Wir wissen heute, dass Kraken und Kalmare nicht nur hochintelligent sind, sondern auch ein ausgeklügeltes Sozialverhalten haben. Kraken überleben ihren Fang oft unverletzt und finden Aquarienhaltung offenbar akzeptabel. Bei Versuchen machen sie gern mit und verblüffen die experimentierenden Wissenschaftler regelmäßig mit ihren intelligenten Problemlösungen, ihrer Verspieltheit und ihrer Lernbereitschaft.

Aus seelenlosen Schreckenstieren sind gewitzte Spielkameraden, leidenschaftliche Liebhaber und intelligente Mitwesen geworden. Experimente im Meer und in Aquarien haben mittlerweile nachgewiesen, dass Kraken sehr schnell lernen: Sie stemmen Aquariendeckel hoch, um zu entfliehen, und können Schraubverschlussgläser öffnen, um an die darin liegende Garnele zu kommen. Manche – wie der Krake Paul – arbeiten nebenberuflich sogar als Fußballorakel.

Naturphilosophen machen sich sogar Gedanken darüber, wie es sich anfühlt, ein Krake zu sein (s. Wurche 2016c).

Durch ihre Kommunikationsfähigkeit und Problemlösungsstrategien haben sie heute hohe Sympathiewerte erreicht. Als Wirbellose mit drei Herzen, einer ausgefeilten Kommunikation und Tarnfähigkeit durch Farbwechsel sowie ihren unabhängig voneinander agierenden Armen sind sie immer noch extrem anders und geheimnisvoll, aber auf eine weitaus positivere Weise als vor 100 Jahren.

Trotz ihrer Kommunikationsfähigkeit leben Kraken außerhalb der Paarungszeit allein. Nur zur Paarung treffen sich Männchen und Weibchen zu einem ausgedehnten Liebesspiel – immer eine Armeslänge auf Abstand. Vielleicht macht auch das Image des intelligenten Eigenbrötlers mit ausgeprägten manuellen Fertigkeiten den Kraken zum idealen Steampunk-Idoltier?

Die vielarmigen Meeresbewohner haben sich jedenfalls einen festen Platz in der Bildsprache des Steampunk erobert: Sie dienen als Designvorlagen und schmücken Abbildungen für unterschiedlichste Zwecke (s. Wurche 2017b).

Die zahlreichen Kopffüßer im Steampunk dürften auf Vernes dramatische Krakenszenen, Lovecrafts Cthulhu-Zyklus und A. C. Doyles Airkraken gleichermaßen zurückzuführen sein. Diese Autoren haben den Kraken und Kalmaren ein literarisches Denkmal gesetzt und die Tradition der Tentakeltiere als Inspirationsquelle für Science Ficton und Steampunk sicherlich mitbegründet.

NACHWORT – VERNE WIRKT BIS HEUTE

Verne zieht bis heute Lesende in seinen Bann. Allerdings wirkt diese Verzauberung in der Gegenwart eher auf Erwachsene als auf Kinder und Jugendliche, da seine Sprache und Erzählweise sowie die Protagonisten und die ellenlangen belehrenden Monologe und Gespräche mittlerweile nicht mehr kind- oder jugendgerecht sind. Zu blutleer und zu wenig divers sind die Akteure, zu vorhersehbar der sichere Erfolg seiner Helden und insgesamt geht es zu betulich zu. Trotzdem fasziniert Verne nach wie vor, seine Ideen sind ein fester Teil unserer Populärkultur geworden.

20.000 Meilen unter den Meeren ist heute eines seiner bekanntesten Bücher und zieht nach wie vor Menschen in den Bann der Meereswunder. Vor allem im naturwissenschaftlichen Bereich gibt es Hommagen an den großen französischen Autor. Wenig überraschend vor allem in Frankreich, wo sein Werk in den großen Ozeanarien aufgegriffen und zitiert wird, etwa im Oceanopolis bei Brest oder im Grand Aquarium de Saint-Malo.

Vernes wissenschaftliche Abenteuer inspirierten und inspirieren Meeresforscher und andere Wissenschaftler. So ist in der Korrespondenz des Autors ein Brief des Polarforschers Fritjof Nansen erhalten:

„Sie sind der Mann der Träume.
Aber was wäre das Leben,
wenn es keine Träume gäbe!"

Diese Zeilen hatte der berühmte Polarforscher am 30. März 1897 an Jules Verne geschrieben.

Aufgrund der spezifischen Gegebenheiten und Eigenschaften des Elements Wasser ist die Bildsprache der modernen Meeresforschung und Meereskunde immer noch ähnlich wie jene zu Vernes Zeiten. Der Blick in die Aquarien ist geblieben, die Faszination ungebrochen – schließlich muss man heute das Meerwasser genauso mit

Glasscheiben zurückhalten wie vor über 100 Jahren. Weltweit laden die großen Schau-Aquarien immer noch Menschen zum Staunen ein und sorgen für faszinierende Begegnungen mit einer anderen Welt voller Flossen und Tentakel, in magischen Blautönen und schillernden Farbexplosionen in einem für uns lebensfeindlichen Element.

Heute nutzt die Meeresforschung modernste Tauchboote sowie bemannte oder unbemannte Tauchroboter, die Remotely Operated Vehicles oder ROVs. Der Blick aus der gläsernen Kuppel eines Tauchboots erinnert nach wie vor an den Blick durch die Bullaugen der *Nautilus* – nur wesentlich weniger luxuriös. Schließlich ist auch hier die Situation gegeben, dass aufgrund der Stabilität ein rundes Aussichtsfenster, also ein Bullauge, am besten geeignet ist. Das Angebot Kapitän Nemos an den gebannt schauenden Professor Aronnax, einen besonders faszinierenden Ausblick mit der Kamera festzuhalten, ist heute allerdings Normalität geworden: ROVs und Tauchboote bieten stundenlange Livestreams aus mehreren Tausend Metern Tiefe an. Auch wenn heutige Kameras bunte Bewegtbilder statt schwarzweißer Standbilder aufnehmen können, sind diese Bilder immer noch Schätze aus einer anderen Welt. Schließlich ist es uns bis heute nicht möglich, ohne komplizierte Tauchtechnologie in diese Tiefen der Ozeane vorzudringen und uns ihren Bewohnern zu nähern oder mit ihnen in Interaktion zu treten.

Auch in der Raumfahrt wird Vernes Name weitergetragen: So hatte die European Space Agency (ESA) 2008 ein Automated Transfer Vehicle (ATV) *Jules Verne* getauft. Solche ATVs fliegen unbemannt Treibstoff, Wasser, Proviant, Wäsche und andere Verbrauchsgüter auf die Internationale Raumstation (ISS). Auch wenn es als Transporter eher profanen Nutzen hatte, unterstrich die Namensgebung doch die inspirierende Mission der ISS und ihrer internationalen Besatzung aus Frauen und Männern. Für eine höhere Sache als die eigene Nation forschen und leben dort im Erdorbit Astronauten, Kosmonauten und Taikonauten gemeinsam – ihre Nationalität, politische Überzeugung und Religion ist dabei unerheblich. Diese Frauen und Männer sind bereits zu ihren Lebzeiten Legenden – genauso wie die Heroen der Wissenschaft aus Vernes Romanen.

Jules Vernes Romane sind Kinder ihrer Zeit, eine Chronik des Aufbruchs in die moderne Forschung und Technologie. Der Autor schafft es immer wieder, den Zauber der Entdeckung und Erforschung zu erwecken und Lesende bis heute auf ungewöhnliche Reisen mitzunehmen.

Einen Teil dieses Zaubers macht sicherlich auch aus, dass er manche Sachverhalte und Umstände im Vagen belässt oder sie nur andeutet. So ist zwischen den enzyklopädischen und belehrenden Textpassagen immer wieder viel Platz, die eigene Phantasie einzusetzen und Geschichten weiterzuspinnen. Das ist neben den meist positiven Geschichten sicherlich einer der Gründe, warum Verne immer noch gelesen wird: Seine Begeisterung für Wissenschaft und Forschung, Expeditionen und Entdeckungen ist immer noch ansteckend, und seine meist positive Weltsicht erlaubt einen kleinen Eskapismus aus dem Alltag. Darum und noch aus 1001 anderen Gründen wirkt Verne bis heute.

LITERATUR

Adamowsky, N. (2015): The Mysterious Science of the Sea, 1775–1943. Routledge. Online: *https://books.google.de/books?id=j3BECgAAQBAJ&pg=PA113&lpg=PA113&dq=anna+thynne&source=bl&ots=TeVscRYtXE&sig=ACfU3U1D5zQvgzNpWiiX-nhjosZHCWLgiyA&hl=de&sa=X&ved=2ahUKEwjgief_kO3oAhXKxcQBHYo6Be8Q6AEwEXoECBUQOg#v=onepage&q=anna%20thynne&f=false* [31.10.2023].

Bennington-Castro, J. (2013): „Sea Hare Ink Is One of Nature's Most Unusual Bioweapons", in: *Gizmodo* (27.03.2013). Online: *https://gizmodo.com/sea-hare-ink-is-one-of-natures-most-unusual-bioweapons-461246802* [26.06.2024].

Bienhold, C. et al. (2013): „How Deep-Sea Wood Falls Sustain Chemosynthetic Life", in: *PLoS One* 2013, 8(1), e. (2. Januar 2013). Online: *doi:https://doi.org/10.1371/journal.pone.0053590* [31.10.2023].

Bishop, F. (1916): The Story of the Submarine. The Century Co., New York. Online: *https://www.gutenberg.org/files/50582/50582-h/50582-h.htm* [31.10.2023].

Brunner, B. (2003): Wie das Meer nach Hause kam. Transit Verlag, Berlin.

Compere, D. (2000): „Jules Verne and the limitations of literature", in: E. J. Smyth [Hrsg.]: Jules Verne: Narratives of Modernity. University Press, Liverpool, S. 40–45.

Dath, D. (2019): Niegeschichte. Matthes & Seitz, Berlin.

Dehs, V. (2005): Jules Verne. Artemis und Winkler Verlag, Düsseldorf.

Dohm, K./Garnier, C./Bon, L. L./Ostende, F. (2019): Das Diorama: Abwesenheit ausstellen? Snoek, Frankfurt/M.

Dupuy, L. (2013): „Jules Verne's Extraordinary Voyages, or the Geographical Novel of the 19th Century", in: *Annales de géographie* Vol. 690, Issue 2/2013, S. 131–150. Online: *https://www.cairn-int.info/article-E_AG_690_0131--jules-verne-s-extraordinary-voyages.htm* [02.11.2023].

Ehrenberg, J. C. (1835): Das Leuchten des Meeres: Neue Beobachtungen nebst Übersicht der Hauptmomente der geschichtlichen Entwicklung dieses merkwürdigen Phänomens. Druckerei der Königlichen Akademie der Wissenschaften, Berlin.

Ellis, R. (1997): Seeungeheuer – Mythen, Fabeln und Fakten. Birkhäuser, Basel.

Fehrmann, A. (2000): „Jules Vernes ‚Voyages extraordinaires'", in: Andreas Fehrmann's Collection: Jules Verne. Online: *https://www.j-verne.de/verne3.html* [02.11.2023].

Fehrmann, A. (2002): „Jules Verne und die Elektrizität", in: Andreas Fehrmann's Collection: Jules Verne. Online: *https://www.j-verne.de/verne_technik01.html* [31.10.2023].

Fehrmann, A. (2005): „Zu Hause bei Jules Vernes in Nantes", in: Andreas Fehrmann's Collection: Jules Verne. Online: *https://www.j-verne.de/verne_bio_nantes.html* [02.11.2023].

Fehrmann, A. (2006): „Jules Verne im Theater", in: Andreas Fehrmann's Collection: Jules Verne. Online: *https://www.j-verne.de/verne_thea ter_einleitung.html* [31.10.2023].

Fehrmann, A. (2007): „Pierre-Jules Hetzel: Magasin d'Éducation et de Récréation", in: Andreas Fehrmann's Collection: Jules Verne. Online: *https://www.j-verne.de/verne_hetzel_1.html* [31.10.2023].

Fehrmann, A. (2016): „Jules Verne im Umfeld von Nantes – in Chan tenay & Trentemoult", in: Andreas Fehrmann's Collection: Jules Verne. Online: *https://www.j-verne.de/verne_bio_chantenay.html* [02.11.2013].

getabstract.com.: Jules Verne – Zwanzigtausend Meilen unter Meer (Zusammenfassung). Online: *https://www.getabstract.com/de/zusam menfassung/zwanzigtausend-meilen-unter-meer/3837* [02.11.2023].

Götz, R. (1986): Kochen mit Meeresgemüse. Bruno Martin.

Haeckel, E. (1889): Natürliche Schöpfungs-Geschichte (Achte umgearbeitete und vermehrte Auflage). Georg Reimer, Berlin. Online: *https://ia600307.us.archive.org/14/items/natrlichesch00haec/natrlichesch00haec.pdf* [02.11.2023].

Haftmann, C. (2014): epubli – Storytelling: Aufbau einer Geschichte. Online: *https://www.epubli.de/blog/storytelling-aufbau-einer geschichte* [02.11.2023].

Harter, U. (2004): „Submarine Live-Show – Philip Gosse und die Erfindung des Aquariums", in: *Frankfurter Allgemeine Zeitung*, N 3, 14. Juli 2004.

Harter, U. (2014): Aquaria in Kunst, Literatur und Wissenschaft. Kehrer, Heidelberg.

Heidenreich, N. (2019): „Medialisierungen des Meeres. Aquariengeschichten“, in: *Zeitschrift für Medienwissenschaft*, Jg. 11, Heft 20: Was uns angeht (1/2019), 176–181. Online: DOI: *http://dx.doi.org/10.25969/mediarep/3719* [02.11.2023].

Hennig, K. J. (2007): „Ein Mann macht Dampf“, in: *Die Zeit*, 09.08.2007 Nr. 33. Online: *https://www.zeit.de/2007/33/A-Fulton* [02.11.2023].

House, K. S./ Philbrick, T. (Hrsg.) (o. D.): „James Fenimore Cooper: Sea Tales“, in: Library of America. Online: *https://www.loa.org/books/30-sea-tales/* [02.11.2023].

Jacobi, H. (1871): Die Grenzen der weiblichen Bildung. Gütersloh.

Jahncke, J. (2018): „Seegras war früher ein Nebenverdienst für viele Fischer“, in: *Lübecker Nachrichten* 01.06.2018. Online: *https://www.ln-online.de/lokales/nordwestmecklenburg/seegras-war-frueher-ein-nebenverdienst-fuer-viele-fischer-ESLCPAW7PUEGKZWUAEHEBMBWS4.html* [02.11.2023].

Jorgensen, S. J./Reeb, C. A./Chapple T. K./Anderson, S./Perle, C./Van Sommeran, S. R./Fritz-Cope, C./Brown, A. C./Klimley, A. P./Block, B. A. (2009): „Philopatry and migration of Pacific white sharks“, in: *Proceedings of the Royal Society B* Vol. 277 Issue 1682, 07.03.2010. Online: *https://www.ncbi.nlm.nih.gov/pmc/articles/PMC2842735/* [02.11.2013].

Junkerjürgen, R. (2018): Jules Verne. wbg Theiss, Darmstadt.

Kempen, B. (02. Juni 2020): „Was ist Science Fiction?“ (B. Wurche, Interviewer).

Kunzig, R. (2002): Der unsichtbare Kontinent. Mareverlag, Hamburg.

Kurlansky, M. (1999): Kabeljau – der Fisch, der die Welt veränderte. Claassen, München.

Laeng, T. (2012): Zukunftsträume von gestern, heute, übermorgen. Lit Verlag, Münster. Online: *https://books.google.de/books?id=qa8UMf8Qf8gC&pg=PA25&lpg=PA25&dq=jules+verne+zettelkasten&source=bl&ots–TNYH5smysg&sig=ACfU3U3WoN32L6ZSw_nt8tcvGDZcO6o8pA&hl=de&sa=X&ved=2ahUKEwj-hfH_kvnoAhWC2KQKHWtgDxgQ6AEwCHoECAkQAQ#v=onepage&q=jules%20verne%20zettelkasten&f=false* [02.11.2023].

Lexikon der Physik (1998): „metrisches System“, in: Spektrum.de. Online: *https://www.spektrum.de/lexikon/physik/metrisches-system/9690* [02.11.2023].

Library of America (o. D.): James Fenimore Cooper: Sea Tales. Online: *https://www.loa.org/books/30-sea-tales [02.11.2023].*

Mayr, E. (2005): Das ist Evolution. Wilhelm Goldmann Verlag, München.

Melville, H. (1955): Moby Dick. Hamburg: Claassen Verlag.

Michelet, J. (2006): Das Meer. Campus, Frankfurt/M.

Nathusius, P. von (1871): Zur Frauenfrage. Mühlmann, Halle.

Nicholls, H. (2015): „Greedy killer whale eats 27 porpoises and seals", in: *The Guardian* 11.06.2015. Online: *https://www.theguardian.com/science/animal-magic/2015/jun/11/greedy-killer-whale-orca-eats-porpoises-seals [02.11.2023].*

o. A. (2003): „Goldene Fäden vom Meeresgrund", in: *Neue Zürcher Zeitung* 16.03.2003. Online: *https://www.nzz.ch/article8O45G-1.226604 [02.11.2023].*

Otto, B. (2001): Unterwasser-Literatur: von Wasserfrauen und Wassermännern. Königshausen & Neumann, Würzburg. Online: *https://books.google.de/books?id=I3jEeL24SsMC&pg=PA165&lpg=PA165&dq=weltausstellung+scaphander&source=bl&ots=dK06wvpdop&sig=ACfU3U0MTjtx3X3ea5ghqeTWGpK6Owhd0A&hl=de&sa=X&ved=2ahUKEwj8kvTMj_noAhWG5KQKHWekAxEQ6AEwC3oECAkQAQ#v=onepage&q=weltausstellung%20scaphander&f=false* [02.11.2023].

Palla, R. (2016): Valdivia – Die Geschichte der ersten deutschen Tiefsee-Expedition. Galiani, Berlin.

Patel, T. (1994): „Jules Verne's swing at the sixties", in: *New Scientist* 03.12.1994. Online: *https://www.newscientist.com/article/mg14419544-200-jules-vernes-swing-at-the-sixties/* [02.11.2023].

Patrick, N. (2016): Plongeur – the French submarine launched in 1863 was the first in the world to be propelled by mechanical (rather than human) power, in: *The Vintage News*, 02.08.2016. Online: *https://www.thevintagenews.com/2016/08/02/priority-plongeur-french-submarine-launched-1863-first-world-propelled-mechanical-rather-human-power/* [19.06.2024].

Philbrick, N. (2000): Im Herzen der See – Die letzte Fahrt des Walfängers Essex. Blessing, München.

Rost, E. (1917): „Die Verwertung von Fleisch und Fett des Wals, des Tümmlers und der Robben zu Nahrungszwecken", in: *Mitteilungen des Deutschen Seefischereivereins*, No. 7/10, S. 233–235.

Scales, H. (2015): Spiral in time. Bloomsbury, London.

Scales, H. (2020): Im Auge des Schwarms – von Fischen, dem Meer und dem Leben. Folio, Wien/Bozen.

Serres, M./Malanchuk, M. (1975): „Jules Verne's Strange Journeys", in: *Yale French Studies* No. 52, S. 174–188. Online: *https://www.jstor.org/stable/2929753?seq=1#metadata_info_tab_contents* [02.11.2023].

Sitte, P./Zieger, H./Ehrendorf, F./Bresinsky, A. (1991): Strasburger – Lehrbuch der Botanik. Gustav Fischer Verlag, Stuttgart/Jena/New York.

Tardent, P. (1993): Meeresbiologie – eine Einführung. Georg Thime Verlag, Stuttgart.

Thomas, P. (2006): „The Great White Way", in: *Los Angeles Times* 29.09.2006. Online: *https://www.latimes.com/archives/la-xpm-2006-sep-29-sp-outdoors29-story.html* [05.07.2024].

Universität Erfurt (2024): Wissenschaft. Online: *https://www2.uni-erfurt.de/cms-alt/seminarfach-4703/www.uni-erfurt.de/seminarfach/kurs/1/index.html* [17.06.2024].

Unwin, T. A. (2005): Jules Verne: Journeys in Writing. Online: *https://books.google.de/books?id=4OloCzB9kksC&hl=de&source=gbs_similarbooks* [02.11.2013].

Verne, J. (2003): 20.000 Meilen unter den Meeren. S. Fischer, Berlin.

Werner, P. (1993): „Die Gründung der Königlichen Biologischen Anstalt auf Helgoland und ihre Geschichte bis 1945", in: *Helgoländer Meeresuntersuchungen* 47 (Suppl.), S. 1–182.

Wikipedia: Hochkultur. Online: *https://de.wikipedia.org/wiki/Hochkultur_(Geschichtswissenschaft)* [02.11.2023].

Wikipedia: James Fenimoore Cooper. Online: *https://en.wikipedia.org/wiki/James_Fenimore_Cooper* [02.11.2023].

Wikipedia: La Gloire. Online: *https://de.wikipedia.org/wiki/La_Gloire* [02.11.2023].

Wikipedia: Plongeur. Online: *https://de.wikipedia.org/wiki/Plongeur* [02.11.2023].

Wikipedia: Spierentorpedo. Online: *https://de.wikipedia.org/wiki/Spierentorpedo* [02.11.2023].

Willoughby, E. [Minouette] (2019): „The Mother of Aquariophily, Jeanne Villepreux-Power and the Mystery of the Paper Nautilus“ 11.12.2019. Online: *http://minouette.blogspot.com/2019/12/the-mother-of-aquariophily-jeanne.html* [02.11.2023].

Wonders, K. (1993): „Habitatdioramen. Bilder schwedischer Landschaften“, in: Dohm, K. et al: (2019): Das Diorama: Abwesenheit ausstellen? Snoek, Frankfurt/M., S. 68–79.

Wurche, B (2016a): „Ambra: Graues Gold aus dem Pottwal-Magen“, in: *Scienceblogs* 15.04.2016. Online: *https://scienceblogs.de/meertext/2016/04/15/ambra-graues-gold-aus-dem-pottwal-magen/* [02.11.2023].

Wurche, B. (2016b): „Octopus-Mythbusters: Octopusses are no aliens“, in: *Scienceblogs* 28.06.2016. Online: *http://scienceblogs.de/meertext/2016/06/28/octopus-mythbusters-octopusses-are-no-aliens/* [02.11.2023].

Wurche, B. (216c): „Wie nimmt ein Octopus seine Umwelt wahr? Die Sicht der Neurophysiologen“, in: *Scienceblogs* 21.06.2016. Online: *http://scienceblogs.de/meertext/2016/06/21/wie-nimmt-ein-oktopus-seine-umwelt-wahr-die-sicht-der-neurophysiologen/* [02.11.2023].

Wurche, B. (2017a): „‚Arrival‘: Erstkontakt mit Siebenfüßern und Kanarienvogel“, in: *Scienceblogs* 11.01.2017. Online: *http://scienceblogs.de/meertext/2017/01/11/arrival-erstkontakt-mit-siebenfuessern-und-kanarienvogel/3/* [02.11.2023].

Wurche, B: (2017b): „Cephalopod-Friday: Jules Verne, die Tintenfische und der Steampunk“, in: *Scienceblogs* 02.06.2017. Online: *http://scienceblogs.de/meertext/2017/06/02/cephalopod-friday-jules-verne-die-tintenfische-und-der-steampunk/2/* [02.11.2023].

Wurche, B: (2017c): „Deepsea Friday: Der tanzende Seegurken-Staubsauger“, in: *Scienceblogs* 06.10.2017. Online: *https://scienceblogs.de/meertext/2017/10/06/deepsea-friday-der-tanzende-seegurken-staubsauger/* [02.11.2023].

Wurche, B. (2018): „Sargassum – Neuer Fluch der Karibik“, in: *Spectrum.de* 18.07.2018. Online: *https://www.spektrum.de/news/sargassum-braunalgen-bedrohen-oekosysteme-und-schaffen-neue/1578560* [02.11.2023].

WIEDERENTDECKTE SCHÄTZE DER SCIENCE FICTION SF

ISBN: 978-3-949452-28-4
Hardcover, 485 Seiten

ISBN: 978-3-949452-37-6
Hardcover, 337 Seiten

ISBN: 978-3-949452-40-6
Hardcover, 408 Seiten

ISBN: 978-3-949452-34-5
Hardcover, 276 Seiten

ISBN: 978-3-98857-072-7
Hardcover, 444 Seiten